黑琵行腳
Black-faced Spoonbill Journal

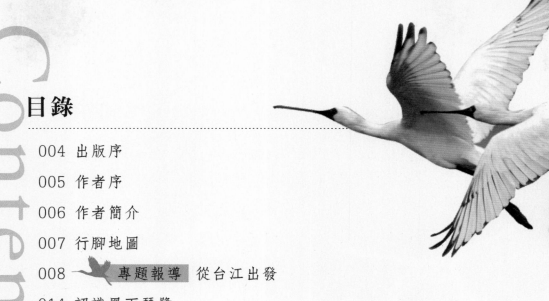

目錄 Contents

004 出版序

005 作者序

006 作者簡介

007 行腳地圖

008 專題報導 從台江出發

014 認識黑面琵鷺

016 世界的琵鷺

020 黑琵行腳

022 臺南｜七股黑面琵鷺保護區

026 專題報導 營造黑琵新樂園

030 臺南｜七股頂山鹽田

034 臺南｜四草濕地

038 高雄｜茄萣濕地

042 臺南｜城西里（土城）廢棄魚塭

046 嘉義｜八掌溪河口濕地

048 嘉義｜布袋鹽田濕地

052 嘉義｜鰲鼓濕地

054 宜蘭｜塭底

058 金門｜陵水湖濕地

060 專題報導 黑琵在臺灣

064 越南｜紅河河口春水國家公園

066 香港｜米埔自然保護區

070 中國大陸｜海南省四更鎮

072 中國大陸｜福建省福清、莆田

074 中國大陸｜上海市崇明島東灘濕地

076 中國大陸｜江蘇省鹽城市大豐麋鹿保護區

080 中國大陸｜江蘇省鹽城市射陽丹頂鶴保護區

084  專題報導 天涯若比鄰

088 中國大陸｜遼寧省大連市形人坨

096 中國大陸｜遼寧省大連市元寶島

104 中國大陸｜遼寧省大連市庄河口黑面琵鷺覓食區

108 南韓｜江華島

110 南韓｜不知名礁岩

114 南韓｜水下岩

118 南韓｜西晚島

124 南韓｜淑女岩

126 南韓｜Y島／G島

134 南韓｜濟州島

136 日本｜福岡縣

140 日本｜熊本縣

142 日本｜鹿兒島

144 黑面琵鷺攝影藝廊

254 專題報導 黑面琵鷺大事紀

262 保育願景與誌謝

出版序

瑟瑟秋風吹拂，遠方的朋友依然赴約如故。候鳥，豐富了台江廣袤的濕地，也呈現出冬季的生命力。其中，全球瀕危鳥種—黑面琵鷺分布國家如韓國、日本、中國大陸、越南、泰國及俄羅斯等，莫不致力於建立保護區及棲地管理等保育工作。台江國家公園位處黑面琵鷺重要度冬區域，因此於98年成立以來，不僅致力於推動濕地及遷徙性鳥種等各項保育工作，同時希望透過淺顯易懂的方式推廣黑面琵鷺及國家公園保育理念。

《黑琵行腳》一書，耗時三年走訪黑面琵鷺各繁殖地與度冬地，透過追尋黑面琵鷺逾20載的王徵吉先生，手中專業且充滿感情的鏡頭，以及長期致力於生態領域工作的許晉榮先生，筆下樸實自然的文字，完整記錄黑面琵鷺生態習性、遷徙、棲地及國內外保育研究，引領讀者思考人、環境與鳥類之間的問題與關係。

台江國家公園管理處邀請您，隨著四季更迭，一同體驗黑面琵鷺的生命旅程，感受作者執著溫柔的追尋，看見各國保育的努力，並發現生命的美好與價值，一同關注與保護人類共同生存的自然環境。

台江國家公園管理處　謹識

作者序

驀然回首月明中

滴滴答答的午夜一時三刻
玫瑰人生旋律淡淡飄散中
按下儲存鍵
完成最後一張編修圖稿
總結了這二十多年來
邀約黑琵共舞的影像紀錄

過往點點滴滴
鏡裏人生
清晰又模糊
如同旋轉木馬
在腦海中川流不息

濱南案 黑琵槍擊案 保育區成立
肉毒桿菌悲歌 台江掛牌
首首悸動的往事
臺灣 遼寧 北緯38度線
韓國 福岡 香港 越南
幅幅醉心的畫面
不同的時空
相同的期待
愛的擁抱

人生短暫
世界好美
能與黑面舞者喜怒哀樂這一生
心滿又意足
也願與黑琵的情緣輪迴不歇
在曲終人散之前
我會繼續捕捉他們的倩影

最感謝的人
當然是在黑琵保育的旅途上
每一位
陪我哭 陪我笑 陪我作夢的伙伴
鼓勵我
資助我
風雨陪我走過
你們都是
最令我感動又感恩的感性天使
我的人生因你們而豐盛

也感謝上蒼休止我的安魂曲
讓虎視眈眈的病魔放過我
更感謝黑琵有你
我的生命因你而值得

生命的旅人
總會靠岸
船不須大
有夢就啟航

最後
感謝台江國家公園
我得以傳唱自己的黑琵之歌

遠眺夢想
向蒼天索願
片片飛羽
灑遍南國天際
終有一天

夢仍舊 歌高亢
我提鏡昂首向前

005

作者簡介

王徵吉

簡歷

中華日報攝影記者
臺北點點攝影俱樂部 榮譽會長
臺南點點、臺南青青攝影俱樂部 榮譽會員
臺南市攝影學會 第17、18、19屆理事長、榮譽理事長

獲獎

第34屆 全省美展黑白組 教育廳獎
第34屆 全省美展彩色組 大會獎
1980年 香港千嬌百媚國際影展 金像獎
第29屆 南美展 永漢獎
第10屆 全國美展 第四名
第11屆 臺北美展 第二名
第31屆 南美展 市長獎
1984 臺南市政府頒發文化藝術 貢獻獎
1988 二度獲得臺南市政府 文化藝術貢獻獎
2006 韓國 環境運動保育聯盟 保護黑面琵鷺貢獻獎
2006 帝亞吉歐《Keep Walking》夢想資助計劃榮獲 首獎
2008 研華文教基金會《美滿人生》 特別獎
2009 臺南市政府頒發臺南市榮譽市民
2010 行政院新聞局第34屆「金鼎獎」最佳攝影獎
2012 中華藝術攝影家學會頒發 終身成就貢獻獎

攝影榮銜

臺南市攝影學會 博學會士／榮譽博學會士
臺北市攝影學會 博學會士
臺灣省攝影學會 博學會士
中國攝影學會 博學會士
美國紐約攝影學會 博學會士
中華藝術攝影家學會 高級會士

著作

1993 縱情萬里 世界風光專輯
1996 白羽 野鳥天地專輯
2000 黑面舞者 野鳥天地專輯
2001 野鳥意境 野鳥天地專輯
2001 黑琵舞曲 野鳥天地專輯
2003 黑面琵鷺攝影作品 獲選中華民國新版護照內頁
2004 黑琵HAPPY專輯(臺北捷運)
2004 黑面琵鷺 郵票專冊(中華郵政)
2006 跨越海峽的飛羽(遼寧 胡毅田先生合輯)
2010 黑面琵鷺全紀錄(慈濟經典雜誌)
2011 追風南行小英雄(臺灣碧波關懷地球人文協會)
2013 野鳥詩情 野鳥天地專輯(臺南市政府文化局)

許晉榮

簡歷

1991 開始接觸野鳥生態攝影
1995 專職從事自然觀察與野鳥生態攝影工作
1999 公共電視台生態節目「福爾摩沙大地～鳥類世界」紀錄片拍攝
1999 開始投入野鳥錄音
1999 玉山國家公園,臺灣黑熊研究計劃之追蹤記錄、拍攝工作。
2001 六福文教基金會,劉燕明導演之「熊鷹生態記錄片」拍攝計畫團隊。
2005 行政院文化建設委員會,「臺灣大百科」鳥類影音資料建置案。
2006 中央研究院動物所,劉小如博士之蜂鷹研究調查與生態監測
2007 國立高雄第一科技大學,校園動植物生態資源調查與生態池紀錄片拍攝工作。
2007 林務局委託臺灣猛禽研究會團隊,進行大陸吉林省「灰面鵟鷹繁殖」研究與拍攝計畫。
2007 墾丁國家公園,「候鳥之旅、墾丁之愛」HD高畫質保育宣傳影片野外錄音工作。
2008～2010年 林務局,「蜂鷹高畫質生態影片」之野外錄音工作
2009 野鳥放大鏡套書,獲行政院新聞局頒發第33屆「金鼎獎」,科學類最佳出版品獎項。
2009 墾丁國家公園,「傾聽自然--多媒體影音光碟」製作專案
2010 墾丁國家公園,「半島夜曲--多媒體影音光碟」製作專案
2012 墾丁國家公園,「秋濕翩翩龍鑾潭生態紀錄影片」製作專案
2013 台江國家公園,「風中旅者—黑面琵鷺」生態影片攝製

個人著作

四季飛羽 自然札記
橋頭糖廠暨周邊環境的生態資源（1997／社團法人橋仔頭文史協會）
茂林風華—人文,景觀,生態（2002／高雄縣茂林鄉公所）
第一境象—高科大生態之美（2004／國立高雄第一科技大學）
永安風采—人文,景觀,生態（2005／高雄縣永安鄉公所）
鳥囀蟲鳴—校園動物生態資源導覽（2008／國立高雄第一科技大學）
樹影花舞—校園植物生態資源導覽（2008／國立高雄第一科技大學）
藝覽無遺—國立高雄第一科技大學校園公共藝術導覽（2008／國立高雄第一科技大學）
野鳥放大鏡—食衣篇（2008／天下文化出版社）
野鳥放大鏡—住行篇（2008／天下文化出版社）
傾聽野鳥天堂（野鳥CD）（2008／天下文化出版社）
傾聽自然—恆春半島聲境紀實多媒體CD（2009／墾丁國家公園管理處）
半島夜曲—墾丁國家公園自然聲境紀實多媒體CD（2010／墾丁國家公園管理處）
秋濕翩翩·龍鑾潭—墾丁國家公園龍鑾潭生態紀錄影片（2012／墾丁國家公園管理處）

共同著作

黑面琵鷺攝影精選集（1998／行政院農業委員會）
橋仔頭糖廠～人文、生態導覽（2001／2004／橋仔頭文史協會）
臺灣生態之美（2002／行政院文化建設委員會）
大高雄生態觀察地圖（高雄市野鳥學會）
其他平面攝影著作散見於國內外相關書籍、雜誌等。

黑面琵鷺行腳地圖

遼寧大連庄河河口　遼寧大連形人坨

遼寧大連元寶島

南韓G島　南韓江華島、淑女岩

南韓西晚島　南韓水下岩、隼島

日本福岡

江蘇鹽城射陽　南韓濟州島　日本熊本

江蘇鹽城大豐

上海崇明島　日本鹿兒島

日本沖繩

福建福清、莆田

宜蘭　嘉義鰲鼓濕地

廈門　嘉義八掌溪口、布袋鹽田

廣東深圳　臺南四草、曾文溪口、頂山舊鹽田

澳門　小金門　高雄茄萣濕地、永安濕地

香港米埔　屏東高屏溪、林邊濕地

越南春水
國家公園

海南島四更鎮

007

專題報導｜從台江出發 促成黑琵研究保育與跨國合作的契機

許晉榮

我們不知道黑面琵鷺春去秋來，如此規律性的生活在臺灣已經超過多少個世代，自從1863年英國博物學家史溫侯（Robert Swinhoe）首次在淡水觀察到2隻黑面琵鷺（1864年採集到2雄2雌共四隻標本），1893年英國人拉圖許（John David Digues La Touche）則在臺南安平北方發現一小群，接著到了1925-1938年之間，日本人須蜂賀正氏（Hachisuka,M.）在鹽水溪口與安平之間每年平均發現到50隻黑面琵鷺的紀錄。

直到1974年，首次由臺灣的鳥類學者陳炳煌先生、顏重威先生的研究報告裡，觀察到了曾文溪口約有25隻黑面琵鷺的棲息紀錄，接著1985年由郭忠誠先生與郭東輝先生等人紀錄到高達130隻棲息在曾文溪口。在臺灣早期，由於賞鳥活動不像現在一般風行，或許黑面琵鷺自古以來就一直默默的生活在當時鮮少人們駐足的荒野濕原，不過根據對長久在此區間討海生活的老漁民訪談的內容推測，扁嘴的白鷺鷥早就是他們日常捕撈作業時印象深刻的鳥種之一。

自19世紀英國人對臺灣鳥類的開拓時期，到20世紀臺灣本土研究學者與民間賞鳥愛好者對於黑面琵鷺的發現與觀察紀錄，我們可以確定舊台江內海範圍是黑面琵鷺最常選擇棲息的區域，而七股曾文溪口浮覆地更因為水位合宜，加上相對安全的廣闊腹地，便成了黑面琵鷺來臺度冬的主要棲息地。

但遺憾的是，在1986年，當時的臺南縣政府提出了開發計畫，有意將七股海埔新生地開發為七股工業區，並在1991年9月函請內政部專案編定七股曾文溪口浮覆地為工業區。丁文輝老師與翁義聰老師引用1991年9月～1992年5月期間，對曾文溪口的黑面琵鷺所做的長期調查記錄，提出了專文呼籲「稀有冬候鳥黑面琵鷺過冬保護區的設立」。1992年4月12日，作家劉克襄在中國時報人間副刊發表《最後的黑面舞者》一文，呼籲搶救黑面琵鷺，因而引起國內社會的廣泛注意。

1992年5月，行政院農業委員會自然文化景觀審議小組暨技術組聯席會議決議：建請農委會依據野生動物保育法公告黑面琵鷺為瀕臨絕種保育類野生動物，並對黑面琵鷺進行生態習性研究調查。另建請行政院內政部與環保署於黑面琵鷺相關研究調查未提出前，應請暫緩辦理七股工業區用地及環境影響評估審查，1992年6月環保署因為發現開發計畫存在多項缺失，因此首次退回臺南縣政府規劃的七股工業區開發案。1992年7月，農委會依野生動物保育法公告黑面琵鷺為瀕臨絕種保育類野生動物，並委託臺灣師範大學生物所王穎教授，及甫成立的臺南市野鳥學會，進行為期3年的黑面琵鷺生態習性調查。

不過最令保育人士感到怵目驚心的事件接著在曾文溪口發生了，在1992年底，有鳥友發現了3隻黑面琵鷺遭到不明原因的槍擊殺害，就在保育團體積極爭取保護區設立的敏感時刻，這與工業區的開發計畫即將帶來的龐大經濟利益嚴重抵觸，因此這起黑面琵鷺的槍殺事件不免令人有所聯想。隨著各大媒體大篇幅的追蹤報導，使得這群珍貴稀有鳥類與其棲地的保護，對抗工業區設置的重大經濟開發案，猶如小蝦米對抗大鯨魚一般，獲得了全國民眾的熱烈關注與討論。

在曾文溪口這3隻黑面琵鷺遭到槍殺的事件，對於當時全世界總數量僅剩下288隻的族群來說，瞬間折損了百分之一的個體，本是一件非常重大的危機，然而也因為這個事件的發生，讓原本對大眾而言只是默默無聞的鳥類，瞬間變成了家喻戶曉的明星物種，自此每天開始有大量的賞鳥人與遊客慕名而來，只為了親眼目睹這群瀕臨滅絕的珍貴稀有鳥類。

1993年6月，燁隆及東帝士兩大集團相繼提出在七股工業區投資興建「鋼鐵城」與「七輕建廠」的開發計畫時，由於媒體與民眾的持續關注黑面琵鷺相關議題，加上環境保育意識覺醒，致使該計畫環境影響評估在同年11月被駁回。其間又經歷了1994年8月「濱南工業區

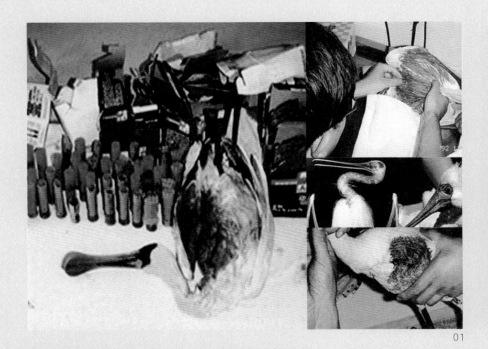

01

02

03

01 1992年底，黑琵因不明原因遭到槍擊殺害。　02 王徵吉先生對黑琵保育的解說推廣，不遺餘力。　03 棲息於黑面琵鷺保護區的黑琵群體。　　|

綜合開發計畫」的繼續啟動，雖然此開發計畫技巧性的偏北移離了黑面琵鷺度冬地，但該計劃始終還是環境隱憂。隨後整個開發案在環保與開發二方的抗爭論戰了12年之久，到了2006年環保署撤銷原本於2004年有條件同意的「濱南工業區開發計畫」環境影響評估，而內政部區委會也終於在2008年審定退回這起開發計畫。

黑面琵鷺在台江內海的保護行動，開啟了臺灣環境保育的先聲，也讓向來以開發掛帥的經濟發展政策，開始加入對環境的尊重與省思。由於國內專家、學者以及NGO保育團體的奔走，1992年7月1日，行政院農業委員會依據野生動物保育法公告黑面琵鷺為瀕臨絕種保育類野生動物；延至2002年10月與11月，政府才又分別公告臺南縣曾文溪口成立野生動物重要棲息環境與黑面琵鷺保護區。另外因為黑面琵鷺逐漸擴散領域，足跡散佈到了四草等衛星棲地，於是1994年設立「臺南市四草野生動物保護區」，並在1996年公告「臺南市四草野生動物重要棲息環境」，以擴大保育範圍。

所謂「候鳥無國界」，正因為遷徙性的黑面琵鷺隨著季風來去自如，在1994年國際鳥盟世界大會中，中央研究院動物所劉小如博士率先提出，黑面琵鷺是候鳥，不是臺灣能夠獨立完成對黑面琵鷺的保育工作，因而建議加強國際合作。經過了為期半年的籌備計畫，在1995年1月16日至22日，時任中華民國野鳥學會理事長的劉小如博士，召集跨國性「黑面琵鷺保育綱領制定小組」進行草案初稿擬定會議，包含臺灣、美國、荷蘭、香港、日本、南韓等跨國學者受邀來臺，除了親赴曾文溪口實地觀察黑面琵鷺與棲息地，並共同發表了「黑面琵鷺保育行動綱領」(Action Plan for the Black-faced Spoonbill *Platalea minor*)，催生了全世界第一次黑面琵鷺研究保育的跨國際合作行動。

1996年2月，臺灣師範大學生物系王穎教授及其研究團隊，早於跨國衛星繫放追蹤計畫開始施行之前，便在曾文溪口使用陷阱捕獲了

3隻黑面琵鷺，並且成功裝置了區域性無線電發報器，創下全世界最早為黑面琵鷺做學術性繫放發報器成功的紀錄。

時至今日，由於黑面琵鷺跨國性衛星追蹤計畫的持續推展，亞洲地區同步啟動全面性的鳥口普查，讓我們對於瀕危的黑面琵鷺的遷徙路線、棲地分布與種群數量，開始有了更進一步的認識。跨國性的保育工作有了行動綱領作為依據，從倡議國際合作至今約20年，黑面琵鷺的保育成效顯著，雖然在各國棲息的黑面琵鷺數量每年互有消長，但是全球黑面琵鷺族群總量卻由原先不超過300隻，增加到2014年1月全球普查的2,726隻，不過所有人並沒有以此自滿，保育物種必先保護棲地，為了瀕危物種和我們的後代子孫，保育之路沒有終點。

每年有超過全球總量一半的黑面琵鷺選擇在臺灣西南沿海作為度冬的區域，除了氣候合宜的因素之外，臺灣西南沿海散置於各處的廣闊廢曬舊鹽田，提供了黑面琵鷺和無數水鳥棲息的安全環境，而大面積虱目魚養殖魚塭收成的時程，剛好無縫接軌了黑面琵鷺度冬期間覓食的大量漁獲需求。作為全球最大的黑面琵鷺度冬棲地，除了是我們身為臺灣人的驕傲，事實上也是我們應該善盡的重大國際責任，攸關著全人類共同的自然文化資產，臺灣在黑面琵鷺及其棲息地保育的成敗，此刻全世界的人們都在看。

為了繼承歷史使命，台江國家公園基於延續黑面琵鷺保育，與捍衛台江內海重要棲地的傳承而授命成立。凡走過必留痕跡，正因為臺灣各界對於黑面琵鷺及其棲息地的努力獲得了國際的認同。2013年6月，在中華鳥會的推薦下，國際鳥盟肯定臺灣民間與政府單位，20年來對於黑面琵鷺度冬棲地的保育，在加拿大多倫多舉辦的「90週年全球大會」中，由榮譽主席日本憲仁親王妃頒獎，將「國際保育成就獎」頒發給台江國家公園管理處、臺南市政府及行政院農業委員會林務局。

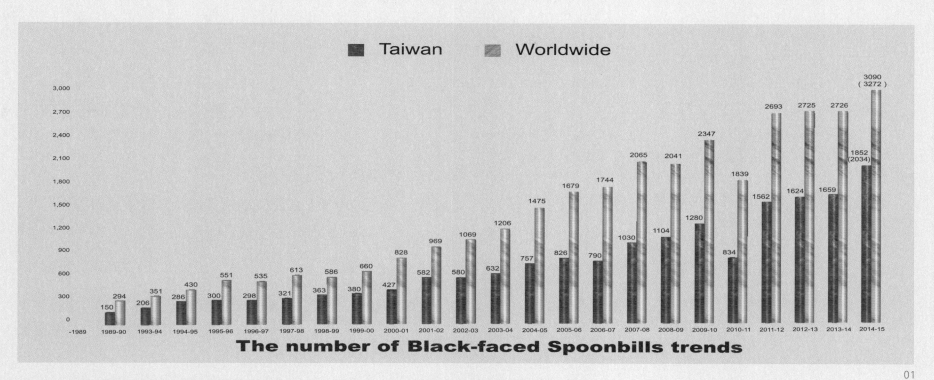

Taiwan   Worldwide

The number of Black-faced Spoonbills trends

	1989-90	1993-94	1994-95	1995-96	1996-97	1997-98	1998-99	1999-00	2000-01	2001-02	2002-03	2003-04	2004-05	2005-06	2006-07	2007-08	2008-09	2009-10	2010-11	2011-12	2012-13	2013-14	2014-15
Taiwan	150	206	286	300	298	321	363	380	427	582	580	632	757	826	790	1030	1104	1280	834	1562	1624	1659	1852 (2034)
Worldwide	294	351	430	551	535	613	586	660	828	969	1069	1206	1475	1679	1744	2065	2041	2347	1839	2693	2725	2726	3090 (3272)

01

02

03

01 黑面琵鷺在各國合作努力之下，數量與日俱增，保育成效顯著。　02 2009年12月，台江國家公園管理處正式成立。　03 國際鳥盟頒發「國際保育成就獎」。

而本書的付梓，則肩負着台江國家公園管理處（以後簡稱為台管處）的殷殷託付，黑琵先生（王徵吉先生）傾盡了超過20多年來的珍貴紀錄，踩著亙古不變的遷徙路線，追隨黑面琵鷺秋來春去的腳步，引領國人探索烏面抐桮不為人知的奇妙旅程。

從地理意義上來看，黑面琵鷺的保育之路，肇始於台江內海。

在歷史意義上，由於福爾摩沙關懷環境、熱愛土地的子民們努力不懈，開啟了黑面琵鷺保育與跨國性研究的契機。

從台江出發，讓我們關懷環境、熱愛土地的心，
如同黑面琵鷺一樣，引領展開飛翼，御風啟程。

上圖 今日鳥類，明日人類。 | 013

認識黑面琵鷺

1992年底，黑面琵鷺首度登上臺灣的新聞媒體版面，而這個被報紙以及電視新聞密集報導關切的消息，可不是件值得慶賀高興的事，它是一連串駭人聽聞的黑面琵鷺槍擊事件。這個事件除了引起賞鳥與保育人士的憤慨與譴責，也因為槍擊事件的披露，更讓社會大眾認識了這群奇妙而優雅的白色涉禽。

黑面琵鷺臉部從嘴喙的基部到眼睛後方有一片裸露的黑色皮膚，嘴喙長而扁平，末端變寬成湯匙狀，亞成鳥的嘴喙偏暗紅色且較平滑，成鳥嘴喙黑色並具有明顯橫紋。腳黑色而細長，腳趾間具有半蹼。飛行時，會將長脖子向前伸直，與鷺科鳥類飛行時之縮頸姿態有所不同。亞成鳥飛羽末端多為黑色，年齡越大黑色部分越少，成鳥大多為白色。在繁殖季節，成鳥在頭頂及前胸開始長出金黃色的繁殖羽。黑面琵鷺是長命的鳥種，壽命可達17年以上，但仍需透過更多的研究才能了解牠們的生命週期。

黑面琵鷺喜歡停棲在淺水位的水域，包含魚塭、鹽田、沙洲及泥灘地等20公分以下的淺水環境。黑面琵鷺特殊的半蹼構造，可能就是為了兼具在陡峭岩壁的繁殖地能靈活攀爬，和在泥沼垡灘的覓食地能涉水自如的折衷演化。而在混濁的泥水中獵捕靈活滑溜的魚類，絕對無法單以視覺取勝，因此密佈著敏銳觸感神經的扁平嘴喙，成了黑面琵鷺混水摸魚的最佳武器。

黑面琵鷺僅分布於亞洲東部沿海地區，已知的繁殖區包含中國大陸遼東半島外海，以及南北韓交界非武裝軍事區等夾縫地帶的無人小島。每年3至4月，黑面琵鷺族群陸續北飛，乘著南風返回繁殖區域展開繁衍後代的生殖大計，築巢育雛的期間約莫在4至8月，視個體與族群稍有差異。9至10月，逐漸強勁的東北季風開始吹襲，黑面琵鷺引領著新生幼鳥，以家族活動的遷徙群體形式，沿著東亞候鳥遷徙路線，陸續飛抵各個度冬區域。

在冬天，超過大半的黑面琵鷺棲息在臺灣的嘉義、臺南和高雄，以及中國大陸東南沿海的浙江、福建、廣東和海南島等省份，而香港和澳門等區域，以及日本也有穩定的度冬族群，越南、南韓則有少數的度冬個體。事實上，從1989年香港觀鳥會首次發表的統計數量，黑面琵鷺從當時的288隻大幅遞增到2015年全球普查的3,272隻，族群數量成長超過10倍。這都要感謝各國政府在保育政策上的支持與努力，各保育組織和學者的無私付出，以及愛鳥人士和一般民眾的愛護，才能有今日的成績。不過，若以全球總數量三千多隻的族群數量來看，黑面琵鷺在世界上仍屬瀕危物種，極有可能因為環境破壞、棲地狹窄、疾病威脅、氣候變遷等種種原因，而導致族群面臨物種滅絕的危機，因此針對黑面琵鷺所面臨的各種困境與生存危機，端賴各國政府、專家學者、民間保育團體甚至所有人民的持續重視與加強合作，以期黑面琵鷺的族群數量能夠更加蓬勃發展。

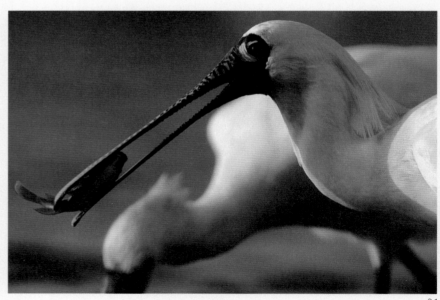

成鳥

亞成鳥

黑面琵鷺小檔案

中文名：黑面琵鷺（黑臉琵鷺）

英文名：Black-faced Spoonbill

學名：*Platalea minor*

俗名：烏面抐桮、飯匙鵝、烏面仔

體長：71～83公分

體重：1,200～2,000公克

翼展：135～142公分

嘴喙長：雄鳥：19～21公分／雌鳥17～18公分

分類：鸛形目／朱鷺科／琵鷺亞科／琵鷺屬／黑面琵鷺

02

03

01 黑琵嘴喙內側具有齒突構造，可以增加獵捕的成功率。　02 繁殖季節，成鳥開始長出金黃色的繁殖羽。　03 嘴喙長度是辨識雌雄鳥的重要特徵。

世界的琵鷺

　　琵鷺屬的鳥類屬於中型的長腳涉禽，末端膨大扁平的長嘴喙是最大的辨識特徵，由於形狀類似中國傳統樂器「琵琶」，因此我們以琵嘴稱呼，英文名稱則以像湯匙的嘴喙（Spoonbill）來稱呼牠們。

　　膨大扁平的嘴喙構造，除了是牠們的特徵、分類和命名的由來，嘴喙內側柔軟的皮膚更密佈了敏感的觸覺神經，當牠們在淺水域環境覓食時，通常是將半張開的嘴喙插進水中，邊涉水前進邊晃動頭部左右掃盪，藉由這個特殊的構造捕捉到水底層的魚、蝦、蟹、軟體動物及水生昆蟲等各種生物，當捕到獵物後便將嘴喙移出水面，拋接食物吞嚥而下。琵鷺嘴喙基部的內側，還具有齒突的構造，能幫助牠們在捕獲大型獵物時，增加咬合的摩擦力以避免魚蝦等獵物逃脫。

　　琵鷺在生物分類學上被歸類於：鸛形目／朱鷺科／琵鷺屬，主要生活在沼澤、水塘及潮間帶等濕地環境。現今世界上已知的琵鷺共有六種，分別是廣泛分布在歐亞非大陸的「白琵鷺」、澳洲的「黃嘴琵鷺」和「皇家琵鷺」、非洲的「非洲琵鷺」、南美洲的「玫瑰琵鷺」和數量最稀少的瀕危物種，侷限在亞洲東邊沿海的「黑面琵鷺」。

　　黑面琵鷺是琵鷺家族中平均體型最小的成員，臉部黑色裸露皮膚延伸至眼睛後方，腳黑色。非繁殖時期全身羽毛白色，繁殖期間冠羽及胸前的羽毛則轉變為明顯的金黃色。亞成鳥喙部顏色較淺、表面較為平滑，初級飛羽末端外緣及飛羽羽軸皆呈黑色。

　　白琵鷺是荷蘭的國鳥，體型比黑面琵鷺稍大，嘴喙黑色末端黃色，臉部裸露的皮膚呈黃色，眼先延伸到眼睛之間有一條黑色的細紋。非繁殖期時全身羽毛白色，繁殖期間則長出明顯的冠羽，冠羽和胸前的羽毛也會轉變成金黃色。

　　黃嘴琵鷺全身羽毛白色，臉部裸露的皮膚灰色，嘴喙、腿及腳趾均為蠟黃色。繁殖時期臉部裸露皮膚的外緣被一條黑色細線所圈圍，胸前長出細長的黃色飾羽，雙翼則綴以黑色的細羽。

　　皇家琵鷺全身羽毛白色，嘴喙、臉部裸露皮膚、腿及腳趾皆呈黑色。繁殖期時胸前的羽毛則轉變成黃色，眼睛上方的皮膚出現黃色鮮明的斑塊，額頭中央的裸露皮膚也轉成紅色斑塊，此時雄鳥頭冠更長出20cm的白色飾羽，雌鳥的飾羽則較短。

　　非洲琵鷺全身羽毛白色，嘴喙呈暗紅色，成鳥臉部裸露皮膚、腿及腳趾都是紅色。亞成鳥的臉部皮膚呈暗褐色，嘴喙橄欖黃色，初級飛羽末端黑色。

　　玫瑰琵鷺的頭部光禿無羽毛，裸露的皮膚呈綠色，嘴喙灰色，頸部、胸部及背部白色，其他部位如腿及腳趾呈深粉紅色。

01

01 玫瑰琵鷺　02 黑琵是琵鷺家族中平均體型最小的成員。　| 　017

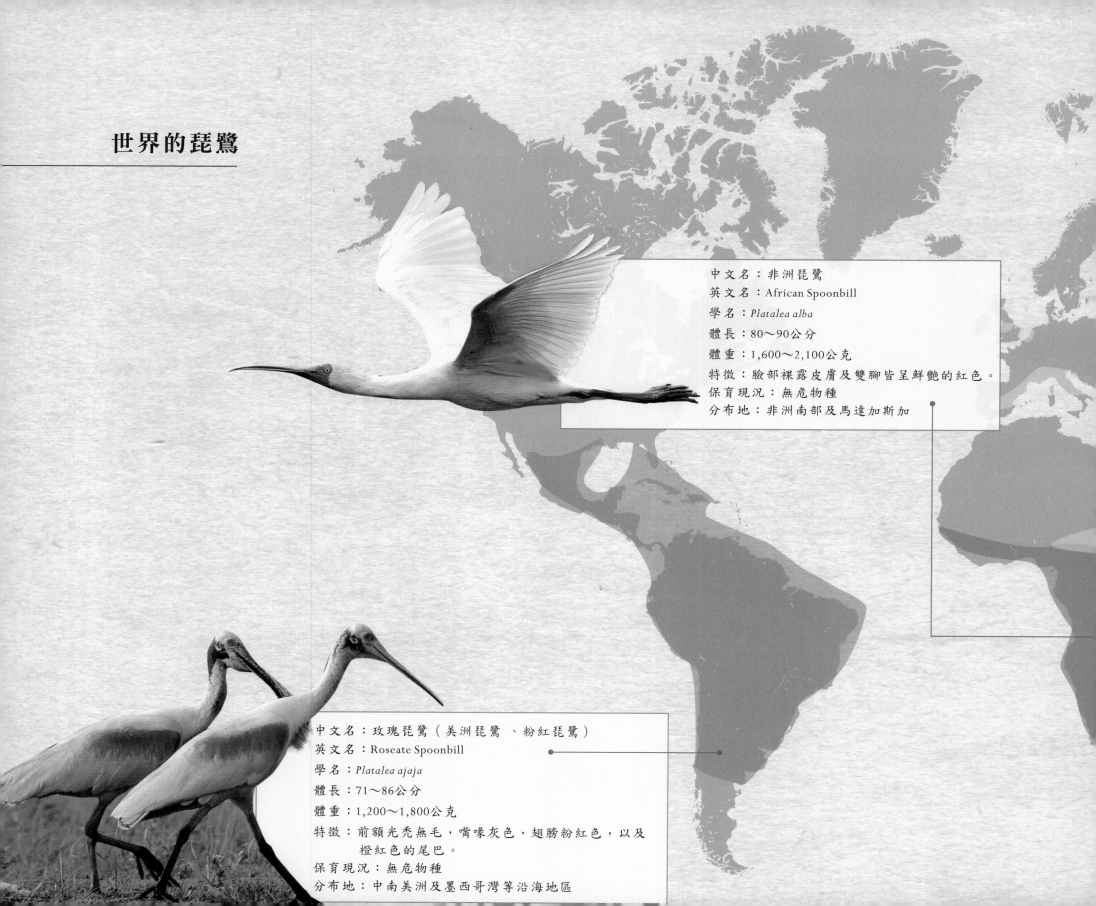

世界的琵鷺

中文名：非洲琵鷺
英文名：African Spoonbill
學名：*Platalea alba*
體長：80～90公分
體重：1,600～2,100公克
特徵：臉部裸露皮膚及雙腳皆呈鮮艷的紅色。
保育現況：無危物種
分布地：非洲南部及馬達加斯加

中文名：玫瑰琵鷺（美洲琵鷺、粉紅琵鷺）
英文名：Roseate Spoonbill
學名：*Platalea ajaja*
體長：71～86公分
體重：1,200～1,800公克
特徵：前額光禿無毛，嘴喙灰色，翅膀粉紅色，以及
　　　橙紅色的尾巴。
保育現況：無危物種
分布地：中南美洲及墨西哥灣等沿海地區

中文名：白琵鷺
英文名：Eurasian Spoonbill
學名：*Platalea leucorodia*
體長：80～92公分
體重：1,130～1,960公克
特徵：眼睛周圍大片黃色裸露皮膚是主要的
　　　辨識特徵。
保育現況：無危物種
分布地：歐亞大陸及非洲

中文名：黑面琵鷺（烏面抐桮、黑臉琵鷺）
英文名：Black-faced Spoonbill
學名：*Platalea minor*
體長：70～82公分
體重：1,200～2,000公克
特徵：面部及眼睛周圍大片黑色裸露皮膚是主要的辨識特徵。
保育現況：國際自然保護聯盟IUCN瀕危物種
分布地：侷限分布於亞洲東部沿海地區

中文名：黃嘴琵鷺
英文名：Yellow-billed
　　　　Spoonbill
學名：*Platalea flavipes*
體長：76～90公分
體重：1,700～1,900公克
特徵：黃嘴、黃腳及灰色
　　　的臉部為主要特徵。
保育現況：無危物種
分布地：澳洲

中文名：皇家琵鷺
英文名：Royal Spoonbill
學名：*Platalea regia*
體長：74～81公分
體重：1,400～2,070公克
特徵：臉部裸露皮膚與黑面琵鷺同為黑色，但額頭則有
　　　紅色色斑，因狀似頭戴皇冠而得名。
保育現況：無危物種
分布地：澳洲東北、東南及西部，紐西蘭、巴布亞紐幾
　　　　內亞及所羅門群島

黒琵行腳

臺南 ｜ 七股黑面琵鷺保護區

　　全世界現存的9,000多種鳥類之中，我們不能確定哪種鳥類對同一環境的依戀程度最高，不過我想，黑面琵鷺對於某一特定區域的「戀地性」，在眾多鳥類之中絕對可以名列前茅。

　　自1893年英國博物學家拉圖許（John David Digues La Touche）在臺南安平地區首次發現了黑面琵鷺迄今，這群珍貴稀有的野鳥族群數量日益蓬勃，牠們年年依循著不變的約定，遠從黃海周邊的繁殖區，不遠千里回到臺灣這片溫暖土地的懷抱。

　　臺南七股的黑面琵鷺保護區，是黑面琵鷺最依戀的一方土地，大部分群體在風塵僕僕初抵臺灣之時，通常選擇先落腳於廣大的曾文溪口黑面琵鷺保護區休養生息，等待隨後抵達的同伴加入鳥群，接著再擴散至周邊各個棲地環境。我大膽猜測，這不完全只是黑面琵鷺對於這塊特定區域的熟悉和安全感情有獨鍾，更大的因素可能在於牠們長久以來，在這片土地生息所產生的依戀情愫。

　　黑面琵鷺保護區位於臺南市七股區曾文溪出海口的北岸，是由曾文溪長期沖積形成的沙洲與海埔新生地，人們也習慣以曾文溪口浮覆地或是黑面琵鷺主棲地稱呼這一處寬廣的感潮泥灘地。自從1974年，臺灣的鳥類學家陳炳煌先生和顏重威先生在曾文溪口發現黑面琵鷺的首次紀錄，與日俱增的度冬族群數量超過全球半數，都選擇以曾文溪口浮覆地做為白天棲息的主要區域。曾文溪口浮覆地，歷經了臺南縣政府圍堤防構築海埔新生地，並積極計畫做為七股工業區、濱南工業區等土地開發案，這群珍貴稀有的鳥禽即將面臨無處棲息，和重要野鳥棲地環境遭到破壞的窘境。幸賴全球護鳥保育團體、專家學者、保育人士和在地鄉紳的相互串聯，透過生態研究、連署建言和長期抗爭等種種作為，終於在2002年11月得到行政院農業委員會公告成為「臺南縣曾文溪口北岸黑面琵鷺保護區」。

　　我們藉由長期的行為觀察發現，黑面琵鷺在北返離臺的告別時刻，會在保護區進行一個令人迷惘的儀式性行為。4、5月份，當南風開始間歇性的催促著候鳥踏上北返旅程，可能是以家族為單位的黑琵遷徙群體，頻頻從棲息的泥灘地中列隊步行走出主群，旋即又似下不定決心般再度走回主群。如此的反覆行為可能在一天之內間歇性的持續數十次，但當遷徙的群體下定了決心乘著南風啟程北飛，在帶頭的領隊仰頭頻頻呼喚的號令催促之下，遷徙的家族縱身飛躍而起，鳥群優雅的拍動著潔白的羽翼，乘著從南方吹來的氣流緩緩升空。此刻，起飛的鳥群並不急於脫離主群直奔北方，而是低空盤桓圍繞著地面的主群，大幅度拍動雙翼但卻輕緩的飛行，並罕見的以懸垂雙腳如同飛機放下起落架的姿勢盤旋，在繞行2、3圈之後便乘著南風朝向北方揚長離去。

　　黑面琵鷺在每年北返遷徙的時節，必定從各個棲地回到保護區上演這種儀式性告別飛行，是我們迄今仍然無法解讀的奇特行為，也許是黑面琵鷺在展開遷徙旅程的當下，對這塊土地所表達的眷戀與不捨，以及對其他同伴的輕聲道別，而這個獨特的儀式，我們尚未曾在其他地方觀察到。

　　與其他遷徙性鳥類一般，黑面琵鷺在秋天南下展開遷徙旅程，翌年春夏之交再順著南風北返繁殖地生生不息，如此規律的週期年復一年，無怪乎古人以「信鳥」稱呼這些南來北往隨著季節驛動的鳥禽。

01

02

03

01 黑面琵鷺保護區，是牠們最依戀的一方土地。　　02 黑琵保護區是由曾文溪長期沖積形成的沙洲與海埔新生地。　　03 北返前，黑琵會以罕見的懸垂雙腳姿勢盤旋飛行。

相較於這群秋來春去的候鳥，李明華先生則是十餘年來始終如一，堅守著黑面琵鷺保護區的崗位，肩負著觀察黑面琵鷺最新動向，和傳達即時訊息的責任。他受聘擔任台江國家公園巡守員的工作，最主要的任務是透過高倍率影像系統，將黑面琵鷺在保護區棲息活動的監控畫面實況轉播至賞鳥亭，並透過網路傳輸，讓全世界關心黑面琵鷺的愛好者，都能透過台江國家公園入口網站，即時得知黑面琵鷺在保護區的最新即時影像。

李明華先生的轉播站位於第三賞鳥亭右側，以簡單木板架構的狹小陋室，雖然有堤防稍微遮阻，但是七股海邊空曠冷冽蝕骨的嚴寒北風，好像總能穿透頹朽薄壁，將冰冷的空氣循著木板隙縫灌進簡陋斗室，不過李明華先生總是風雨無阻，每天清晨6點左右便會抵達轉播站展開一天的記錄工作。黑琵先生（王徵吉先生）和我若途經七股便經常順道前來探訪，除了探詢黑面琵鷺在周邊區域的活動現況之外，同為長期關注黑面琵鷺議題的生態工作者，我們清楚知道，彼此之間需要更多的關心和加油打氣。

位於黑面琵鷺保護區旁的第一、第二賞鳥亭，是提供給賞鳥人士與民眾遮風避雨的良好場所。台江國家公園管理處在每年候鳥季期間，除了架設高倍率望遠鏡及大螢幕電視實況轉播之外，更透過解說志工夥伴們提供解說服務，是來訪民眾能仔細端詳這群珍稀候鳥及得到詳實生態資訊的最佳場所。此外，更因為觀鳥牆和賞鳥亭的設置，適度掩蔽了賞鳥群眾與野鳥的直接目視和避免水岸植被的侵擾踩踏，相對減少了對野鳥及棲地環境所造成的直接衝擊。

2013年12月，位於日本鹿兒島縣『霧島錦江灣國立公園』，附屬於這個國立公園的「特定非營利活動法人 — くすの木自然館」組織的浜本奈鼓、下野智美、南尚志、小野田剛、赤塚隼人等5位新朋友，透過日本福岡松本悟先生的推薦而與黑琵先生取得聯繫，於是他

們在臺南停留的3天時間，就由黑琵先生、張培鈺先生和我3人充當司機和導遊，麻煩「特有生物研究保育中心黑面琵鷺生態展示館」的李淑容女士充當翻譯，就這樣帶著5位日本貴賓走訪了嘉義、臺南和高雄等相關水鳥保護區和重要的濕地。

日本朋友此行最主要目的，是觀摩臺灣水鳥保護區和濕地的軟、硬體設施，以及了解官方政策和NGO組織，甚至一般民眾對於生態環境的投入與認知。我們走訪之處，豐富鳥況令他們一路上驚呼連連，在參觀曾文溪口主棲地賞鳥亭期間，更對台江國家公園管理處貼心的賞鳥設備與提供的解說服務讚譽有加，而不少民眾自主性的熱情參與觀鳥活動，以及各個團體志工們熱心參與環境議題和解說服務，也讓這些遠道而來的日本的朋友留下非常深刻的好印象。

02

03

04

01 賞鳥亭除了遮風避雨，還提供實況轉播與解說服務。　02 來自日本鹿兒島的友人，對臺灣黑琵的保育現況留下深刻印象。　
03 遊客在舒適的賞鳥亭裡觀察黑琵。　04 棲息於七股保護區的黑琵群體。

黃光瀛 蔡金助 施佩君 楊尚欽

身為二世代的國家公園，台江提供服務的對象，
已從單純的物種及生態系擴及「人」；
而「人」更是資源保育永續經營之成功關鍵。
以先民的生態智慧連結在地黑面琵鷺保育行動，
一起營造出人與自然與土地最和諧的夥伴關係！

遇見黑琵

黑面琵鷺近年在臺灣度冬的數目日益增多，目前主要集中在鹽水溪口及曾文溪口附近，也就是台江國家公園範圍及周緣地區。

每年的9月底，全球僅約3000隻（2015年1月）的黑面琵鷺近六成會陸陸續續飛抵臺灣，停留在台江地區長達半年的時間；這裡之所以受到黑面琵鷺青睞，除了曾文溪、鹽水溪兩大河川流域帶來大量有機物和無機鹽，在溪口淺灘濕地環境中造就豐富且多樣的食物鏈生態資源外，在地傳統鹹水淺坪式虱目魚養殖文化地景，更讓黑面琵鷺來此度冬時，正值大片越冬休養魚塭，提供牠們安心覓食的絕佳環境。

水鳥生態與文化產業地景的和諧共存

為台江內海數百年來不斷的浮覆變化，我們的老祖先在惡劣環境下開闢魚塭謀生，樂天知命地採用粗放的淺坪式養殖模式放養虱目魚。他們挖潮溝引進海水來養殖，一般水深約0.6到1公尺，在南國夏日的光照下，虱目魚飽食池內自然滋長的藻類植物而成長。每年秋天起，漁民們會趕在天寒前收成肥美大魚，避免虱目魚遇寒凍死。收成之後，魚池休養曝池，殘留些池水及底層小蝦、雜魚，正好遇到涉禽黑面琵鷺來此度冬覓食，成就台江最和諧的動態有機之自然文化地景。數百年來，府城的人們以結合庶民生活飲食文化，用味蕾緊密連結與濕地、候鳥生態間不可思議的夥伴關係。

黑面琵鷺保育危機

這種人與自然曾一度達成和諧的平衡關係，卻因人類慾望無限滋長，造成黑面琵鷺保育危機不斷出現。棲息地附近漁塭地濫墾、改變為深池集約式養殖以謀求更高獲利，以及垃圾場、工業區等開發計畫、慕名而來觀光遊客、攝影人士、輕航機等，都造成不同程度的影響與干擾。

在臺南地區，養殖模式的改變亦成為影響黑面琵鷺族群數量的關鍵因素。近年來虱目魚的產值相對較低，造成許多漁民逐漸改變養殖型態，轉成文蛤、石斑魚等高價魚產，以全年性、深池集約式養殖，快速取代原有淺坪式養殖模式，在深池而黑面琵鷺無法利用覓食下，面臨覓食棲地大量消失的狀態，似導致在2011年1月大臺南地區度冬族群普查數量，竟較前一年度調查結果銳減400餘隻。

這樣的警訊讓我們思考如何永續保護這些自然資源；人類利益與自然保育真的可以和諧共存嗎？人與自然可以發展出永續利用的夥伴關係嗎？

從先民生態智慧啟發候鳥保育新方向

臺南沿海地區早年的漁民於海濱河口捕捉虱目魚苗後，在靠海地區挖潮溝、墾作魚塭，引進海水飼養。因面積大，深度淺，故稱為「淺坪」；清明節前後，漁民放養第一批魚苗，直到10月份中秋過後北風起，虱目魚收成販售；魚塭留下大量伴生的小型雜魚蝦進入休養階段，到翌年3月再將魚塭整理加水，使藻類在池底滋養繁殖，此時，漁民會撒入米糠等有機物質加強培育底層的藻類，因虱目魚屬於藻食性魚類，淺坪式的魚塭水淺，陽光容易穿透，便可大量生長出虱目魚最愛的藻類食物；直至清明整備完成，接續放養魚苗迎接新一輪的養殖世代。

這種已有300多年歷史的文化地景「鹹水淺坪式虱目魚養殖魚塭」，在休養期適時提供黑面琵鷺等候鳥來臺度冬時的雜魚蝦食源，勾勒出人與自然和諧之夥伴關係，亦早已指出我們該如何以黑面琵鷺為核心，營造人類與濕地生態環境雙贏的保育新價值。

人與自然的夥伴關係，從營造黑面琵鷺新樂園開始

為了確保黑面琵鷺度冬食物來源，從2011年5月台江國家公園管理處開始與臺南大學合作進行棲地營造試驗計畫。臺南大學七股校區西校區，面積近81公頃，其內原有魚塭及沼澤濕地則因校區規劃期間，無養殖經營及干擾，呈現自然面貌。

棲地營造試驗利用西校區內約10公頃的舊有魚塭，進行確保黑面琵鷺食源的淺坪魚塭養殖實驗，探討如何提供候鳥食源，並設計不同養殖型態，包括自然野生、純養虱目魚及混養雜交種慈鯛投餌與不投餌，除實際提供面琵鷺度冬食源外，更可調查鳥類在收成前後對魚塭的利用、魚類群聚組成及鳥類利用頻率等。

實驗結果，本區過去並無黑面琵鷺駐足紀錄的實驗養殖魚塭區收成及逐漸放水後，竟記錄2012年11月最多258隻黑面琵鷺，12月最多274隻，2013年1月最多113隻於本區活動覓食。

由2012及2013年年初全球黑面琵鷺普查資料得知，大臺南地區黑面琵鷺總數量補回前年的數量(2012年調查1,562隻次，2013年調查高達1,624隻次)，且全球總數創新高達2,725隻，在2014年的全球普查中，大臺南地區數量計數到1,659隻次，呈現穩定成長；藉由連續3年之實驗結果，傳統淺坪式之養殖模式可以確保候鳥覓食棲地的面積，且提供穩定的度冬食物來源。

01

02

01 覓食於淺坪式魚塭的黑琵，是台江最和諧的文化地景。　02 趁著魚塭收成放水，搶撈一杯羹的鷺鷥群。

除了黑面琵鷺這明星物種外，實驗地一年之中可調查到28科67種鳥類。實驗中也發現11種、6,314隻底棲動物，數量以螺為優勢，也有蝦虎、擬蝦虎及雜交慈鯛；而底泥採集亦記錄了3門13科，9,395隻大型底棲無脊椎動物如螺貝類、多毛類；傳統養殖環境之物種多樣性超過一般人認知，亦表示淺坪養殖模式除為候鳥們帶來豐沛的食物來源，更提供高生物多樣性濕地環境。

台管處開闢傳統淺坪式虱目魚塭進行養殖實驗、放養魚苗，遵守先民傳統方式，過程無須投藥控制疾病風險，2014年豐收約6,700公斤，這些漁獲亦通過水產試驗所海水繁養殖中心檢驗合格，供進一步製成罐頭。這些罐頭加上文化創意設計包裝，並註冊「黑琵牌」商標後，強調這是來自對黑面琵鷺友善魚塭的產品；輔以舉辦發表會等方式推廣行銷，期透過國家公園形象及保育黑面琵鷺訴求，為虱目魚產品有效加值。

國家公園提供在地漁民免費分享此商標形象，鼓勵養殖漁民加入保育行列，希望在秋冬留下更多有利覓食之棲地，提供黑面琵鷺穩定食物來源。產品理念雖漸獲得民眾熱烈回響，詢問人數增多，惟仍叫好不叫座，罐頭銷售情形不佳，2013年度僅有一位漁民加入，未能擴大吸引漁民參與保育工作；自知因在公部門的規範限制下，未能有效發揮推廣能量，今年度我們探詢在地團體等社會企業，希望能擴大社會參與層面，藉由企業的創新及彈性，共同協助產品的行銷與販售。

台管處成立以後投入諸多研究，並執行實驗魚塭之棲地營造計畫，持續3年多的努力推動營造黑面琵鷺友善棲地，積極尋求生態環境、候鳥、漁民及產業多贏等保育策略的肯定。推廣淺坪式養殖除達到物種保育目標外，「黑琵牌」虱目魚罐頭之概念更具體展現《生物多樣性公約》之里山倡議(Satoyama Initiative)所闡揚「社會生態生產地景(Socio-Ecological Production Landscapes)」的精神，朝邁向黑面琵鷺保育與土地和諧永續利用之三生(生產、生活、生態)一體及共生目標努力。

今日鳥類，明日人類—保護黑面琵鷺就是保護我們的環境

黑面琵鷺保育的重要，不只是因為牠是瀕臨絕種的保育類物種；黑面琵鷺的存在是亞洲沿岸生態健康的指標。當黑面琵鷺在濕地環境出現，表示該地有豐富的魚類、貝類與水生植物組成多樣的生態系統，以供候鳥補充體力；而健康的濕地環境也具有減少鹽分與保護內陸植物、防洪、延遲海水倒灌等功能。所以黑面琵鷺是一種觀測指標以及保護傘物種(umbrella species)；保護了黑面琵鷺，也就同時保護了在同一棲地上其他相同需求的水鳥及生態環境，也就是保護我們人類良好的生存環境。

台江管理處承襲先民淺坪養殖的生態智慧，以敬天惜地、量取捨小的態度經營著虱目魚塭，在以現今利潤為考量的環境中，堅持藉由黑琵保育行動，期能形成一股強而有力、推動文化地景與自然資源保存的在地住民力量。

01

02

03

01 天還未亮，對黑琵友善的魚塭已經準備收成。　02「黑琵牌」虱目魚大豐收！　03 黑面琵鷺是環境的觀測指標，也是保護傘物種。

臺南｜七股頂山鹽田

海洋佔地球表面積的70%，論其體積更可能高達全球生物棲息空間的98%，海洋除了是孕育地球遠古生命的母親，更提供了豐沛的維生元素供人類使用，其中引海水曬鹽便是人類自古就熟練的製鹽方式之一。

柴、米、油、鹽、醬、醋、茶，是中華民族自宋朝以來日常必需的「開門七件事」，其中「開門」意指平民百姓家庭一天開始，維持生計的正常運作。而七件事當中的民生必需品之一：「鹽」，除了是人類飲食文化中不可或缺的調味料之外，其中所含的鈉離子更是地球上眾多生命重要的維生元素之一，人類每天需要攝取適量的鈉元素，才能調節體液中電解質的安全水平，進而維繫細胞之間神經脈衝的正常訊號傳輸。

臺南市七股區有一座極為醒目的地標，這是一座由3.9萬公噸海鹽所堆置形成的雪白鹽山，高度約有6層樓高。自1895年清廷將臺灣割讓成為日本殖民地，日本政府為了獲取穩定的稅收利益，而將鹽、樟腦、鴉片及菸酒列為殖民政府的專賣品。1941年太平洋戰爭爆發之後，臺灣的鹽場更傾全力趕工生產，以提供日本帝國的戰爭需求，並闢建製鹽工業的週邊工廠，以製鹽的附屬產品提煉成為火藥原料、飛機助燃料等戰備物資，臺灣鹽業遂成為日本戰爭工業的重要一環。

七股鹽場過去曾是臺灣最大的曬鹽場，在2002年5月停止曬鹽營運之後，臺灣前後歷經了338年的曬鹽歷史就此宣告終止，臺鹽實業股份有限公司遂於此地闢建臺灣鹽博物館與高聳的鹽山，保存及展示推廣數百年的鹽業文化資產。

位於七股鹽山北方，舊稱為「頂山仔」的小型聚落，在清朝康熙末年就有漳州移民渡海屯墾活動的足跡。雍正11年（西元1733年）至道光年間，這裡的經濟活動從撈捕網漁轉型至魚塭養殖，但1823年因為暴雨氾濫導致曾文溪改道致使魚塭盡皆流失，在地居民卻不願意屈服於命運，胼手胝足重新圈圍魚塭，竭盡努力之下終於成為西南沿海最重要的虱目魚養殖區。

日治時期昭和13年（西元1938年），南日本製鹽株式會社徵收頂山仔周遭魚塭約500甲土地，改闢為鹽田，頂山仔這片廣闊的海埔地也因此改變了宿命，以未受工業化土地開發的原始荒蕪濕地形態保留至現代。

來到頂山仔鹽田舊址，雖然往日鹽工傳統民居早被一棟棟新式平房洋樓所取代，排水溝渠夾岸的水泥堤防和寬闊平坦的柏油道路，已然徹底的改頭換面，不再是舊昔的泥濘躓礙難行。但是望眼遠處格局方正的平緩地表恰是昔日鹽田原來容貌，雖然歲月在舊鹽田的土堤、電杆等設施上加諸了些許老化滄桑，但是大地則回歸於自然，經過歲月的調養生息，更妝點了海茄苳、欖李等紅樹成林的蓊鬱翠綠。而猶自安靜佇立在紅樹植群之間的檜樓鹽堡，雖然昔日的巡察鹽警早已不再駐守，但卻依舊屹立不搖的見證了鹽業歷史的榮敗興衰與海埔坔地的滄海桑田。

鹽田濕地裡蓬勃生長，織密成林的紅樹植群，恰好提供黑面琵鷺躲避強烈東北季風侵襲，以及避免遭受掠食天敵干擾的安全屏障，也因此在每年冬天，總能在頂山仔鹽田濕地發現百餘隻穩定的黑面琵鷺度冬群落瑟縮在紅樹林深處歇息。

雖然我們對冬候鳥的認知是每年10月中、下旬開始，隨著遷徙性鳥群的大量過境，黑面琵鷺的零星個體和小群落才會陸續在臺南沿海濕地被發現，不過大自然最吸引人的奧妙往往在於祂的運作任誰也說不準。2011年8月發現6隻滯留在臺灣的黑琵個體，棲息在頂山仔鹽田與黑面琵鷺保護區之間；2014年9月6日中秋節前夕，臺南市生態保育

01

02

03

04

01 引海水製鹽是人類自古便已純熟的民生產業。　02 六層樓的巨大鹽山，是七股的醒目地標。　| 031
03 鹽田濕地蓬勃生長著織密成林的紅樹植群。　04 濕地緊鄰著道路，黑琵仍能不受干擾的自在歇息。

學會邱仁武理事長告訴黑琵先生，頂山仔鹽田濕地又發現18隻黑面琵鷺（包括T57、T58、S07三隻繫環個體）混雜在白鷺群中覓食。於是黑琵先生向長期於黑面琵鷺保護區觀察記錄黑面琵鷺的李明華先生詢問確認，得知早在9月1日就已經發現20隻黑面琵鷺小群棲息於保護區的紅樹林之間，但遺憾的是我們並不能確切知道，這群黑面琵鷺究竟是從何、為何而來。

原本以為對一個物種的認識，理當隨著時間與經驗的積累，必能掌握更透徹的知識。事實上則不然，往往是在投注了大量的心力和時間後，反而發現更多令人不解的生態行為，此時才會驚覺，我們太常以人本主觀的思考模式來解讀自然，其實大自然的奧秘深不可測，人類需要以更謙卑的心態來向大自然學習。

01

02

03

04

01 舊鹽田引水的渠道，也是黑琵的覓食場所。　02 鹽田槍樓前的黑琵。　03 雕梁畫棟的廟宇與潔白樸實的飛羽，形成有趣對比。　04 昔日鹽田，今日的野鳥樂園。

臺南｜四草濕地

有人將海洋、森林和濕地並列為「地球三大生態系統」，我們能夠理解佔了地球表面積70%以上的廣大海洋，與號稱最豐富多樣的茂密原始森林對於全球生態體系的重要性，但在一般人眼中荒蕪偏僻，亟欲開發而快之的沼澤垃土，如何得以與海洋、森林的地位並列？

如果以一個生命體來譬喻地球，海洋就是這個星球的心臟，而陸地上交織綿密的水脈川流，則恰似充斥於生命體內的維生脈絡。海水隨著陽光照射而蒸發形成了擾動的雲層氣旋，再以雨水的形態降落澆淋至地表，最後依循著河川奔流回到了心室般的海洋。森林的功能則如同地球之肺，除了涵養水分、調節氣候，綠色植物藉著行光合作用，吸附二氧化碳和排放氧氣來淨化大自然的空氣。

此外，濕地則是位於陸域交接至水域環境的過渡性地帶，其功能就如同地球的腎臟；由於濕地的植被與土質特性，減緩了水流與滲透的速度，因而可以留住養分與過濾水質，加上高營養鹽的環境滋養了大量的水生植物，其發達的根系能有效率的吸附並分解部分重金屬與化學污染物，因此可以達到淨化水質的功能。

2007年12月，內政部營建署邀集了各個領域的專家學者與NGO團體的代表，評選出75處「國家重要濕地」，並整合各層級力量推行「國家重要濕地生態環境調查及復育計畫」，希望臺灣的濕地保育工作能跨出嶄新的一步。其中四草濕地與曾文溪口濕地更因為生態資源及重要性，符合「拉姆薩公約」判定之國際重要濕地準則，而獲評列為國際級的重要濕地。

四草濕地原位處於古台江內海南端，後來經過曾文溪改道及淤積，形成了現今海埔新生地的規模，到了日治時期四草地區被開闢為臺南鹽場，又經過了鹽灘廢曬、調養生息，加上扼守在東亞水鳥南北遷徙的重要地理位置上，四草濕地成了臺灣西部海岸重要的一塊水鳥淨土。

不過濕地一直以來都是各級政府、財團進行土地開發所覬覦的對象。1990年經濟部研擬規劃開發鹽田，準備大興土木開闢臺南科技工業園區，在經過許添財立法委員與社團法人臺南市野鳥學會、社團法人高雄市野鳥學會、社團法人臺灣濕地保護聯盟，以及劉小如博士等諸位學者專家極力奔走爭取之下，終於保留了524公頃的土地做為野生動物保護區，並在1994年11月30日經行政院農業委員會公告為四草野生動物保護區及野生動物重要棲息環境。1996年4月經濟部工業局奉行政院核定成立臺南科技工業區施工處，接著工業區開始動土整地，就在園區硬體設施開始闢建的同時，四草濕地東側的鹽田區域也隨之走入歷史。

四草野生動物保護區其環境屬性為海岸自然濕地、人為濕地及停曬的舊臺南鹽場，其中舊臺南鹽場轄下的安順鹽場比鄰保護區西南方，依循著傳統人力曬鹽的流程與作息，從引流海水儲滷、蒸發結晶收成等步驟，除了賦予舊鹽田嶄新的生命，延續鹽業文化的歷史傳承，更提供眾多水鳥棲息覓食的重要環境。

2014年元月，社團法人臺南市野鳥學會郭東輝總幹事在四草進行鳥類調查時，無意間發現小群黑面琵鷺從保護區的核心區域飛到安順鹽場舊址的蓄水池覓食。此刻鹽田為了進行新舊海水的輪替循環，正在排空舊水的蓄水池幾乎見底，而滋養了數個月的鮮美魚群，隨著水位降低紛紛聚集至僅餘的水域中，黑面琵鷺散落在排放過程中被水流蝕刻出的綿長蜿蜒動線之間，埋著頭專心的左右掃動著扁長嘴喙追逐受困的魚群，此刻誘人的美食當前，牠們根本無瑕理會郭總幹事和稍後聞訊趕來拍攝的黑琵先生。

每年冬天，四草野生動物保護區約有300隻至600隻黑面琵鷺穩定棲息其間，但因基於保護野生動物和棲息地的宗旨，除了進行科學研究之外，並不接受其他進入參訪或觀察的申請。在臺灣，主持黑面琵

01

02

03

01 濕地與海洋、森林並列為地球三大生態系統。　02 濕地能留住養分與過濾水質，功能如同地球的腎臟。　03 四草濕地提供眾多水鳥在此棲息與覓食。

鷺研究計畫的國立臺灣師範大學王穎教授,是長期投注心力研究黑面琵鷺生態保育的權威,王教授與台管處保育巡查員陳尚欽先生在黑面琵鷺棲息的核心區域架設偽裝掩體,在不干擾的前提下進行長時間鳥群生態行為的觀察及繫放作業。陳尚欽先生也是我們因為黑面琵鷺而結緣20幾年的老朋友,雖然原本的專長是海鮮餐廳的專業廚師,但最難能可貴的是他寧願為了守護保育瀕危物種,放棄經濟收入穩定的廚師工作,默默的為黑面琵鷺付出超過20個年頭。

雖然我們為了台江國家公園管理處所委託的黑面琵鷺拍攝計畫,需要記錄四草野生動物保護區棲息的黑面琵鷺生態,但因為深怕進出保護區開闊的鹽田蒸發池途中,會影響棲息其間的大群水鳥。端賴前任四草紅樹林保護協會李進添理事熱心的提供協助,駕駛自家動力膠筏,不論是在摸黑的入夜或清晨,抑或是在寒冷北風吹襲飄著細雨的天氣裡,載著我和黑琵先生取道嘉南大圳的水路,直接停靠在黑面琵鷺棲息區域的堤防邊緣,藉著綿密的紅樹林和苦林盤當做掩護,與棲息中的黑面琵鷺遙遙相望。

閒聊中才知道,「添哥」是紅樹林保護協會的專業解說員,與黑琵先生是認識多年的好朋友。2人更因為長期關心紅樹林生態與水鳥保育而變成志同道合的好友,在對民眾和學生進行濕地生態解說時,「添哥」常常藉著幽默風趣的言談和廣博的見識,將環境保護和生態關懷等嚴肅的議題,以寓教於樂的方式灌輸到群眾的觀念之中。

01

02

03

04

01 四草濕地為臺灣西海岸重要的水鳥淨土。　02 四草地區具有豐富的鹽業文化與自然生態，吸引許多遊客前來。　
03 佔據制高點的黑琵。　04 鹽田蓄水池放水後，蝕刻出線條優美的泥溝，是黑琵的鮮魚食堂。

高雄｜茄萣濕地

2013年2、3月之交，清晨5點30分，我在和時間賽跑。最近一個多月以來，每天幾乎一睜開眼睛，就拖著未得到充分休息而處於疲憊狀態的身軀，匆忙趕赴茄萣濕地。

我在和時間賽跑著，其實是想趕在破曉之前，抵達定位點架好攝影器材，從容等待第一道曙光自東方探頭，以獵得金色光華揮灑在黑面琵鷺身上的畫面。不過，我往往贏了與時間的賽跑，卻等到不願意露臉、賴皮的朝陽；抑或即使等到太陽的大方光臨，卻見鳥群散在整片偌大水域，就是不到期待中最佳的構圖位置。

茄萣濕地，因為有著廣袤的積水土盤結晶池和蒸發池，並有茂密的海茄苳、蘆葦、苦林盤，以及低矮的鹽定等紅樹林伴生植物作為隱密的屏障，提供了安全不受干擾的棲息環境，吸引了包括黑面琵鷺、鴨科、鷺科、鷸科、鴴科等將近150種鳥類棲息。

濕地西側，有一池形狀略似「凹」字型的水塘，是昔日「竹滬鹽田」蒐集與沉澱海水的蓄水區，水塘面積約為300公尺見方。北側中央突出的陸岸形成低矮土丘，長滿苦楝、黃槿、銀合歡、構樹等喬木與灌木，在地居民稱之為「大山」，裡面佈滿了先人的墳塚，因為荒煙蔓草、年久失修和傳說的禁忌等因素，鮮少有人進入干擾，使得這座土丘成為鷺科等鳥類繁殖和棲息的樂園。

蓄水池周邊因為圈圍了濃密的海茄苳，形成天然屏障，長年蓄積的雨水滋養了數不盡的吳郭魚群，平緩的地勢與深淺合適的水位，吸引了300多隻黑面琵鷺群體和眾多鷺科鳥類爭相競食，整座鮮魚食堂因為充沛的魚群，為眾多鳥口帶來2～3個月無間歇的水產盛宴。

農曆年節剛過，氣候仍然處於不甚穩定的節氣，所謂「春天後母面」，身在這個季節的濱海地帶，感觸總特別深刻。在北風吹襲、陰霾天候的清晨，迎著寒風站在幾乎沒有遮蔽的水邊，蝕骨般的冷冽寒風直教人哆嗦蜷縮。然而，在極度惡劣的天候或光線條件下，卻常常

能夠拍攝到意外卻又令人驚艷的大景。所以儘管晨昏晦暗的光線，或是風霜雨露的惡劣天氣，我和黑琵先生反倒會逆向思考、慇勤出席，期望這光影能夠忠實反應出各種天候、光線條件下的大自然樣貌。

我正在和時間賽跑！希望趕在黑面琵鷺離開臺灣之前，儘可能多記錄下牠們優雅而美麗的形影。

春天來了，北風時吹時歇，猶如困獸般疲弱掙扎，南風則趁隙在北風削弱時慢慢坐大。當溫暖的南風一天強過一天，度冬候鳥群也在無聲無息間，乘著一波波溫暖氣流北飛，返回繁殖地生育下一代。成熟的黑面琵鷺也在換好繁殖飾羽之後，以群落為單位漸漸離開臺灣。

我們正在和時間賽跑！如同大多數命運多舛的濕地，茄萣濕地即將面臨被新闢道路穿心破肚而過的厄運。黑琵先生與「茄萣生態文化協會」的鄭和泰先生、黃南銘先生、戴炎文先生，以及在地志工：史俊龍先生、林永龍先生、薛天德先生、蔡大旭先生等人士積極奔走、宣導關於茄萣濕地保留的重要性，雖然獲得大多數愛鳥、賞鳥人士和在地居民的認同與簽名連署，卻似乎不敵贊成開路一方的聲勢與力量。

雖然此案已經進入環評開發與否的結論階段，但結局仍令人十分擔憂；即使具有天時與地利基礎，但欠缺人和條件及政策支持，這片廣袤濕地，以及賴此為生的黑面琵鷺和眾多野鳥，還能夠在夾縫之中苟延殘喘的存在多久呢？

我們都在和時間賽跑！
我們都在茄萣的竹滬鹽田，
守護著濕地、守護著黑面琵鷺的未來。

01

02

03

01 茄萣濕地提供不受干擾的環境，吸引將近150種鳥類棲息。　　02 精彩的鳥況，讓許多賞鳥人聞風而至。　　03 第一道曙光照耀下的金色水域。

後記

2014年7月17日高雄市政府環評大會做出決議，通過茄萣濕地1-4號道路貫穿濕地核心區域的開路工程案。雖然包括中華民國野鳥學會、臺灣濕地保護聯盟、地球公民基金會、社團法人高雄市野鳥學會、茄萣生態文化協會、茄萣濕地青年聯盟等十幾個保育團體、學者專家以及上千位反對開路民眾的連署抗議；日本黑面琵鷺保育網（Japan Black-faced Spoonbill Network）主席高野茂樹先生與松本悟先生曾經寫信給高雄市陳菊市長，表達希望保留茄萣濕地完整的重要性，但是最後高雄市政府環評委員仍做出「有條件開發」的決議。環評專案小組缺乏相關生態背景成員參與，與無視超過300隻（2015年初）黑面琵鷺棲息茄萣濕地的事實執意開路，令國內外生態保育人士深感遺憾。

01

02

| 01 黑面琵鷺是茄萣濕地度冬期的常客。　02 舊鹽灘上與鷺鷥混群的黑琵。　右圖 「大山」的隱秘環境與傳說禁忌，，意外成為野鳥繁殖與棲息的樂園。

臺南｜城西里（土城）廢棄魚塭

西元1661年，鄭成功指揮軍隊循鹿耳門水道進入台江內海，臺灣西南沿海正式展開了漢民族屯田養兵、開墾拓荒的歷史時代。然而滄海桑田，隨著時間流轉演變，昔日潟湖潮起汐落的壯闊不再，大地的容顏在消長之間轉化為一畦畦方正的魚塭。

今日，黑面琵鷺仍然依循著基因裡的深層記憶而來，踏著與遠古先驅相同的腳步，落腳在台江內海富饒的土地上，討食禦寒以度過大半年蕭瑟寒意。

2014年11月，我們在臺南市安南區城西里，鹿耳門溪與竹筏港溪交會一帶區域，眼前的景緻如同台江內海的其他地區，隨著台江內海的淤積與漁民長年的墾殖開發，廣大的土地從低窪濕原轉變成一片片格局方正的大小魚塭。

但在世代交替與經濟活動變遷的衝擊下，有部分魚塭又從原本活絡的養殖盛況回歸寂靜，這些荒草散漫、偏僻封閉的廢棄魚塭，也許是因為閘門、溝渠損毀和年久失修，或乾涸見底，或淺水不及盈膝，茂密的蘆葦覆蓋了水岸，土堤上防風植物與海茄苳、欖李等紅樹則糾結成林。黑面琵鷺、野鴨與鷺鷥，在這些幾乎不受人類打擾的隱密環境裡，自成世界的安全棲息。

黑面琵鷺往往聚集覓食在周邊養殖戶撈捕漁獲之後，放乾水位的淺水魚塭裡，或是在退潮的淺水潮溝裡飽食一頓，再依序飛回隱密的棲息地，洗浴、嬉戲與安穩休息。

在城西里安清路靠近安義路的交叉路口，這塊形狀略似倒置「Ｌ」形狀的廢棄魚塭，被茂密的植物蚊蟲層層包圍，幾棵高大矗立的木麻黃就像是靠山一般，支撐著由茂密的欖李與苦林盤植群所形成的糾結樹籬。而隨風搖曳的蘆葦，更進一步將匍匐的根系直接由陸岸涉入水岸，如此固若金湯的護城防禦工事，在大自然縝密的藍圖與巧妙的施工中渾然天成。

每年的11月底至12月初，黑琵先生、邱明德先生和我，總會花費大量的時間，在這個區域搜索黑面琵鷺的蹤跡，我們經常從清晨守候到日落，追隨著黑面琵鷺的腳步，等待自飄渺霧氣中掙脫而出的朝陽，和黑琵翩翩飛降魚塭後，大群覓食的精彩畫面。

飽食之後，牠們紛紛返回隱密的廢棄魚塭中洗浴與嬉戲，生態行為更是活潑精彩不容錯過。接著尚須耐心等候，經過黑琵縮頸酣眠的中場沉寂之後，在傍晚夕陽餘暉之中，舒展筋骨的活潑飛躍才是必看的重頭大戲。

甦醒的黑面琵鷺，除了部分的個體開始拍擊水花再次洗浴之外，牠們也總愛迎著強風棲停於植株的枝頂樹梢，彼此之間爭先恐後張嘴擊喙，為了爭奪制高點而互不相讓，頃刻間由窈窕淑女溫和形象，轉變成潑婦罵街般的兇悍模樣。在爭奪寶座的同時，也許是黑面琵鷺的半蹼指爪先天就不適合抓握樹枝，也許是高處的強風吹襲不容易維持平穩，黑面琵鷺需要不時前後搖晃身體，和張合翅翼才能維繫不墜。

在餘暉逆光之下，黑面琵鷺透亮的白皙飛羽搭配著整齊的黝黑羽軸，蒼勁飛翼迎著疾風吹襲，更能展現出牠漂泊千里的旺盛生命力和羽翼之美。

01

02

03

04

01 在清晨霧氣中進食的黑琵。　　02 棲立於廢棄魚寮前土堤的黑面琵鷺。　　03 在僻靜的廢棄魚塭洗浴、嬉戲與安穩休息。　　04 黑琵習慣成群結隊地往目的地飛行。

01

02

03

04

01 魚源豐富的淺水域，是鷺科鳥類的最愛。　02 棲身隱密安全處，打盹、飲水與伸展筋骨。　03 水花四濺，暢快的沐浴。

04 不受打擾的隱密環境，黑琵們自在的活動。　左圖 爭先恐後張嘴擊喙，為爭奪制高點互不相讓。

嘉義│八掌溪河口濕地

所謂「靠山吃山、靠海吃海」，各種動物必須適應所處的環境，且善用大自然所賦予的珍貴資源，才能在生態體系裡佔有一席之地。然而，人類抱持著人定勝天的信念，往往不願妥協屈服於大自然，恣意改造環境，除了讓有限的自然資源無法永續經營，無止盡的採集動植物和破壞牠們所賴以生存的棲息環境，加速了自然資源的枯竭，投機取巧的短視心態終將債留子孫，當加諸的壓力超越環境能夠負荷的最大限度，大地將以反撲的勢力回饋人類。

鳥類，因善於飛行，可以輕易移動，趨吉避凶，尋求適合的環境生活，但牠們所尋覓的新環境，基本上不會偏離本性太遠。鳥類的體態、羽色、翅型甚至是嘴喙構造，與其所處的棲地環境和食物，都是經過長時期演化才得到的結果。所以我們不至於期待在潮間帶發現藍腹鷴，更不會到山林裡觀察黑面琵鷺。

黑面琵鷺以腳趾間的半蹼和長腳涉足於泥灘地，再藉由充滿觸覺神經的扁平嘴喙，在混濁的泥水之中捕食魚蝦，生物們毋需刻意營造適合覓食的環境，只要憑藉著本能找到對的地方，便能處之泰然。

八掌溪河口濕地長期受洪潮和風災不斷的侵襲，潮間帶也隨著河沙的積累與掏蝕而不斷產生變化，但是聰明的人類在一處被水流沖刷內凹的河床，築起一圈木造的護堤，圈圍的區域從此穩定跟隨著潮汐的週期漲退，欖李、五梨跤等紅樹植物，以及蘆葦、苦林盤等伴生植物也開始沿著堤岸生根繁茂。

趕海人（趕在退潮後、漲潮前，泥灘未被海水淹沒的時段，捕撈水產的人們）在退潮時步入泥灘之中，赤手觸探濕軟泥地，並從揹負的籮筐中取出看似瓶罐的容器，熟練的埋入軟泥表層，插上一根長竹籤作為標記。最多曾看過3人同時在這圈圍的泥塘裡搜索作業，原來他們是在設置陷阱，用以捕捉俗稱「花跳」的大彈塗魚，待下次潮水漲落之際，將再度現身涉水收成。

海水漲潮時，黑面琵鷺也會從其他較低窪的潮間帶飛進這個被圈圍的區域，3隻、5隻、10隻……數量隨著水位增高而漸漸增加，最多曾經記錄過50幾隻。

初時，黑面琵鷺分散在泥灘地水淹的侵蝕溝與潮池裡，追逐著隨海水游進來的魚群，當海水漲到最高時，則紛紛走避到沙洲的最高處，開始洗澡、理羽、嬉戲或睡覺休息。

等到海水從圈圍的泥塘中漸漸退去，黑面琵鷺也在鷸科水鳥趕潮的覓食騷動聲中慢慢甦醒過來。接著大部分個體展開羽翼陸續從泥塘飛離，牠們急忙趕赴八掌溪河口追隨正值退卻的潮水，聚集在侵蝕潮溝、濕軟泥灘裡踏浪搜尋著海產盛宴的無數忙碌飛羽，以及趁著潮水退卻之際涉水採集海產的辛勤趕海人，其和諧映襯幾無距離的人鳥之間，正是八掌溪出海口最美的風景與蓬勃的生命悸動。

01 退潮後，鳥兒們趕赴濕軟泥灘大快朵頤。　02 趕海人趁著潮水淹沒前，涉足泥灘架設陷阱捕捉花跳。　03 潮水漸漲，鷗科鳥類先行飛離。

嘉義｜布袋鹽田濕地

嘉義縣布袋鎮散佈著面積廣大的鹽田濕地，從1842年闢建了「洲南場」鹽田以來，全盛時期約有鹽工3、4千人，他們頂著炙燄的日頭埋首在鹹澀的鹽鹼池裡，辛勤工作只為了三餐的溫飽。一畦畦望眼漫無邊際的鹽田，徹底改變了原本低窪荒蕪的鹽分地帶宿命，也因此獲得了「漁鹽滿布袋」的美名。

所謂「天有不測風雲」，早年農漁社會的人們可以說是靠天吃飯，每當颱風撲面來襲，除了原本日出而作、日落而息的規律生活遭受攪亂之外，也常常讓人們蒙受莫大的生命與財產的損失。

然而動物們天生具備著敏銳的感知能力，牠們能夠憑藉著大氣壓力的細微變化，預先感受到即將到來天氣的急遽變化。在我們長期觀察拍攝黑面琵鷺的過程之中，發現到牠們似乎也具備了感知氣候變化的天賦。

2012年夏天，突然接到了居住在布袋鎮的好朋友蔡嘉峰先生和蔡青芟先生來電通知，在南布袋濕地觀察到了13隻黑面琵鷺亞成鳥和一隻白琵鷺長時間逗留，顛覆了大多數人們對於黑面琵鷺在4、5月份，開始北返陸續離開臺灣的刻板印象。但實際上，不具有繁殖壓力的黑面琵鷺亞成鳥零星個體，在6、7月份被鳥友觀察到仍然駐足在臺灣的紀錄也還偶有所聞，但是這群逗留整個夏天的黑面琵鷺則是前所未見。驅使著黑琵先生火速趕往了解和進行拍攝紀錄工作，幾乎每天朝夕相處的密集記錄，恰好能仔細探究黑面琵鷺未北返的群體，停留在臺灣期間的作息狀況。

布袋鹽田濕地，在2001年全面終止曬鹽營運之後，隨著時間的演替和土地的消長，原本廣大的積水鹽灘、儲滷池和引水渠道等設施，便成了水鳥與眾多生物賴以為生的優質棲地環境，布袋鹽田的第六區與第七區更因為物種保育與生態環境的重要性，於2007年被列為「國家級重要濕地」。

濕地原本就是敏感而脆弱的過渡環境，再加上各級政府和民間長期漠視濕地的重要功能，往往急欲進行各種土地利用與經濟開發，因此在地NGO環境保護團體自發性的積極投入，便顯得相對重要。隸屬於「嘉義縣生態保育協會」的蔡嘉峰先生和蔡青芟先生等人，長期投入布袋鹽田濕地的環境巡護與監測紀錄，蔡嘉峰先生更承租了一處座落於濕地之間，廣達1.5公頃面積的淺坪式養殖魚塭，在每年大批候鳥抵達之前投置數萬尾小魚苗，放養生息提供給眾多水鳥不虞匱乏的覓食與棲息之所。

相較於黑面琵鷺在大陸遼東半島和朝鮮半島兩韓交界繁殖地的溫帶氣候，臺灣的夏天具有高溫艷陽和潮溼多雨的二種極端天氣形態，因地處亞熱帶與西太平洋邊緣，夏天有大量颱風來襲應算是獨特的氣候特色，因此知名外國媒體更以「颱風島」的紀錄片名來稱呼臺灣！

2012年6至9月之間，共計有7個颱風對臺灣造成了不同輕重程度的威脅。而蔡青芟先生就地利之便，親身觀察和借助衛星發報器（14隻琵鷺中包含一隻繫有衛星發報器的繫環個體E37）回報的訊號發現，除了第一次遭遇颱風沒有經驗之外，幾乎每次颱風侵襲期間，這群黑面琵鷺在颱風的低氣壓前緣逼近之前，便能感受到氣壓變化集體北飛前往臺中高美濕地躲避風暴的直接威脅，並在颱風遠離數日之後再次返回布袋鹽田濕地。

2012年6月20日，輕度颱風泰利從臺灣海峽擦邊而過，雖然沒有對臺灣陸地造成直接衝擊，但是強風挾帶的豪雨仍對臺灣西南沿海地區造成了相當程度的影響。也許是初生之犢不畏虎，我猜測這群黑面琵鷺亞成鳥從不曾經歷過颱風的洗禮。6月19日，也就是泰利颱風最接近臺灣的前一天，黑面琵鷺蜷縮在第七區鹽田的土堤上任由漸強的風雨澆淋在身上，牠們各自壓低頭頸頂著風勢，偶爾吃力調整腳步和姿勢藉以抵抗風雨的侵襲。隨著降雨的積累，低矮的土堤幾乎被潮湧

01 布袋鹽田濕地的美麗夕照。　02 黑琵亞成鳥沒有北返的繁殖壓力。　03 舊日鹽田槍樓前的黑面琵鷺。　|

般的積水所淹沒，只好以低伏的姿勢一隻挨著一隻，涉水慢行到稍有遮掩的較高土丘，以避開逐漸漫漲的水位。

　　黑琵先生和蔡青芝先生2人藏身在西濱公路路旁、被強勢風雨搖撼的車廂之中，他們敞開車窗冒著被風雨吞沒浸濕車廂的風險，紀錄了黑面琵鷺艱難棲立在沼澤濕原之上，不畏強風驟雨與溼濡朦朧吞噬，仍然奮力與大自然惡劣氣候搏鬥的姿態。不過隨著泰利颱風的逼近，逐漸增強的風雨勢必會對黑面琵鷺造成更大的影響，眾人在經過了一夜的寢食難安之後，隔天藉由發報器的衛星訊號得知，這群黑面琵鷺已經安然棲止於較不受影響的高美濕地了。藉由這次黑面琵鷺面對颱風的經歷，使我們更加瞭解黑面琵鷺在臺灣的行為與活動範圍。

　　如同颱風對人類所造成的威脅，地震則是另一件讓人類極為敬畏的大自然力量。

　　2013年3月27日，在布袋鹽田濕地的第十區，約有100隻左右的黑面琵鷺在淺水濕地上，牠們飽食一頓之後陸續退回兩畦鹽灘之間的堤岸休息，我和黑琵先生守在濱海公路邊以車子作為掩蔽，等待這群琵鷺集體返回七區的起飛畫面。等待約超過半個鐘頭，僅僅少數黑琵變換位置和整理羽毛，大多數都將嘴喙埋入翅膀之中安穩的休息。

　　拍攝時我們通常是全程緊盯目標不敢稍事鬆懈，深怕精彩的瞬間一不留神便遺憾錯失。不過由於專注的時間實在過久，正稍微放鬆緊繃的神經時，突然間黑琵令人措手不及的全數彈跳了起來，並且不安的抬頭張望，接著領頭的個體開始快步奔走至靠近水域的平坦泥灘，而殿後的群體隨即倉皇的拍翅跟上主群的腳步。

　　此刻，我們在靜止的車上尚且能夠察覺車身上下搖晃，不過緊貼在相機視窗的眼睛，透過長鏡頭的放大效果卻感受到如同天搖地動般劇烈震盪，而黑面琵鷺則持續不安張望，並在充滿疑惑的氛圍之下集

體起飛回到相對安全的七區核心地帶。我們隨即透過車上的收音機得知，方才經歷了一場編號為41號，芮氏強度6.2級的地震（嘉義地區震度為4級），這對我們和黑面琵鷺而言又是一次難得的共同體驗。

左圖 頂著風，奮力振翅以抵抗風雨侵襲。　上圖 布袋鹽田濕地於2007年被列為國家級重要濕地。

嘉義 ｜ 鰲鼓濕地

什麼樣的海濱，是放眼蚵棚綿延、白浪拍岸的繁鷗漁鄉，同時又兼具重森疊翠，林蔭連天的俊秀內涵。

蒹葭蒼蒼，在水一方。

當長夜逐漸退散，大地在濃霧飄渺的清晨裡醒來，綠波碧水就如同大自然深邃的眼眸，在鳧影悠游之間，泛映的漣漪恰似閃閃淚光……鰲鼓的晨曦，靈秀靜謐使人由衷感動。

在這靜風的冬日晴和天氣裡，濃郁黏膩的平流霧氣如同氤氳帷幕籠罩偌大的濕地。此時此刻，僅只數米的能見視度，幾乎讓視覺變得無用武之處，緊握方向盤的雙手，點按黃燈閃爍示警，勉力凝視著路面徐緩滑行，若非熟悉這段堤岸的路況，或可能跼蹐裹足驚慌無措。

停車在黑面琵鷺習慣活動的堤岸路邊，眼前凝重霧氣深鎖的鰲鼓，次第開展沼澤、沙洲、蔓草、紅樹林、蘆葦、木麻黃樹林……隨著霧靄濃淡的飄移而隱約可辨，如同潑墨畫作般暈化渲染，唯美景緻需要循聲探索用心描繪。

因為濃霧的掩護，面前的烏鬼（鸕鷀的別稱）與白鷺，隨性悠然，動靜得宜。當濃霧逐漸被高升的太陽熱氣稀釋，我們方能藉由望遠鏡頭辨識出一群黑面琵鷺正停棲在紅樹林氣根旁的淺灘中，氣定神閒依然如故。

鰲鼓濕地，早年名稱為「臺灣糖業蒜頭糖廠鰲鼓農場」，規劃於民國60年代初期，由當時的「軍法罪犯」胼手胝足築堤圈圍海埔地而成，佔地約1,500公頃。鰲鼓農場擁有豐富多變的生態景觀，大自然的原創區域是廣大的草澤、沙洲、鹽鹼地與潮間帶等環境，而早年臺糖時期規劃經營的甘蔗田、養殖魚塭及養豬畜牧農舍等，已被現有的平地造林區域所取代，林務局將原本濕地重新規劃為「鰲鼓濕地森林園區」，朝向生態多樣性與低碳永續發展的方向規劃經營。而此濕地保有的最大特色，在於施作區域的外圍，以及區塊之間縱橫通道的兩旁，廣泛種植了高大的木麻黃作為防風林，也造就了鰲鼓濕地綠意青翠的濱海森林景觀。

每年冬季，約有50多隻的黑面琵鷺度冬群體選擇停留在鰲鼓濕地，過境期間，數量不甚穩定而時有增減，牠們經常於園區內的積水泥灘地和草澤區覓食，退潮時偶爾飛出堤防之外，到潮間帶的棚架和定置漁網之間的泥灘地尋找食物。鰲鼓濕地可說是目前已知的，黑面琵鷺在臺灣西部海岸度冬的最北界線，因此這裡除了擁有優美遼闊的景緻之外，兼具歷史、人文活動的軌跡，更集合了各類微棲地形態與生物多樣性的特質，在環境保護與永續發展的策略之下，使得國家級的重要濕地—鰲鼓，更顯彌足珍貴。

01

02

03

01 因濃霧的掩護，鳥群隨性悠然，動靜得宜。　02 鰲鼓濕地是已知黑琵在臺灣西海岸度冬的最北界。　03 在水岸草澤間休息的眾多水鳥。

宜蘭｜塭底

2014年初，嘉義、臺南和高雄等三地的黑面琵鷺鳥況似乎出現了瓶頸，原來可以輕易掌握的活動棲息地，突然變得不可預期；昔日在布袋、八掌溪、七股、土城、頂山、茄萣及永安等地穩定棲息的黑面琵鷺群體，行蹤變得捉摸不定，常常在這幾個地點整日搜尋，卻只能看見零散棲止活動的小群落，以往動輒數百隻的群體覓食與棲息活動盛況，幾乎已不復見。

就在納悶猜測黑面琵鷺可能活動以及不為人知的新棲地之際，黑琵先生提出了一個建議，不如到宜蘭去尋找這些屬於臺灣北部的度冬黑琵。其實到宜蘭去拍攝黑面琵鷺，是我們接了這個委託案之後，想了很久，卻一直沒有真正付諸行動的拍攝計畫。一方面是因為宜蘭與臺南地處最遠距離的對角線上，長途開車往返怕黑琵先生旅途勞累，另一方面因為長期守候在西南沿岸的黑琵群落穩定，我們幾乎每天追蹤紀錄，總覺得無暇他顧。

於是，黑琵先生邀集了邱明德先生與史俊龍先生等志同道合的好友，裝載滿車的行囊和期待，連夜趕路，希望在隔天甫亮的天色下邂逅這群暫居在臺灣東北方的嬌客。宜蘭縣的山明水秀一向是很多人所嚮往的，黑琵先生雖然跑遍國內外各地追蹤紀錄黑面琵鷺的行蹤，卻也鮮少踏上宜蘭、花蓮和臺東—我們習慣稱為後山的這片土地。所以這次行程中，我們打算盛大一點，乾脆來個3至4天的環島旅行吧！

事實上，我只在2007年短暫的紀錄過宜蘭黑面琵鷺的影像，那時候是臺北好友楊東峰先生帶我來到塭底的，這次憑藉著久遠的印象，沒啥頭緒的胡亂搜尋，似乎不太合乎效率。沿途問過幾個路人、超商店員，甚至寺廟廟祝，不是沒看過、不知道這裡有黑面琵鷺棲息，就是根本不知道「烏面抐桮」這個物種。本來還在納悶，「烏面抐桮」不是全臺灣都家喻戶曉的明星鳥種嗎？怎麼在這裡還有人不曾相識呢？事後仔細推敲才恍然大悟，原來在宜蘭，黑面琵鷺的鄉土名稱叫做「飯匙鵝」啊！

後來索性抱著碰運氣的心理，打電話問了楊東峰先生，輾轉由他朋友那裡傳來黑面琵鷺可能的活動地點，得知191號縣道靠近塭底附近的路段可能有黑琵棲息。在該路段來回往返搜尋了近10趟，與楊東峰先生撥接了十幾通電話再三確認之後，終於無意間瞄到小小一座橋頭上雋刻著「釣鱉橋」的不起眼標示，剛好呼應了楊東峰先生所提到過「釣鱉池」的關鍵詞。

進入釣鱉橋旁缺口，沿著溝渠小路前行，眼前出現一池低於路面的淺水養鱉魚塭，魚塭對面的土岸上長了茂密的蘆葦，靠近路邊的水域則佈滿了一層厚厚的黃綠色藻類。整片鱉池被中央的一畦略高於水面的土堤分隔成為東西兩個區塊，2隻黑面琵鷺則埋首於遠離路邊的東側淺水窪中專心的覓食，而土堤上則棲息了5至6隻將嘴喙埋藏於背部翼下休息的黑琵。感覺上，這裡的黑面琵鷺對於我們在岸上來回走動和取景拍照，並不顯得特別在意，也許是宜蘭的好山好水和友善的人們，讓黑面琵鷺容許與人類保持著較近的安全距離，依然無懼愜意而自在。

對我們從外地來的四個人而言，在宜蘭塭底尋找黑面琵鷺的過程雖然稍有曲折，不過尚稱順利，除了楊東峰先生的鼎力幫忙之外，也麻煩了梁皆得導演幫忙詢問在地的朋友；更高興的是在釣鱉池的魚塭小路上巧遇何華仁老師，也經由何老師的帶路，才知道紫鷺在宜蘭的繁殖區域。傍晚時刻，當我們再度搜尋鳥蹤時，更因為錯過了紫鷺繁殖區的路口，誤打誤撞卻發現位於「得子口溪」堤畔的另一處廢棄養

01 得子口溪畔養殖魚塭，是此行意外尋獲的黑琵秘密基地。　02 隱身禾草莖葉後方，黑琵安心閉目休息。　
03 宜蘭好山好水，黑琵選擇此處停歇。　04 綠意盎然的平靜水影，白羽閒適其中。

蝦池裡，棲息著更多黑面琵鷺鳥群。

　　這次在宜蘭塭底，我們總共記錄到40隻黑琵度冬群落，在我們觀察期間，發現到釣鱉池和得子口溪畔的蝦池，是牠們往返活動休息的主要棲地。要拍攝到好的黑面琵鷺畫面，除了勤於搜尋、熟悉棲息環境之外，也許，有滿滿的好運氣也是一大因素吧。

　｜　上圖 黑琵在釣鱉池度冬的穩定鳥群。　　右圖　綠樹蓊鬱的野鳥秘境。

金門 ｜ 陵水湖濕地

往往，人類的無心插柳，反而替自然生態預留了一個蓬勃發展的生存空間。

戰地金門，位居臺海防禦的最前線，在國共爭戰的對抗之中，因應戰略需求而廣植林木，為了戰地政務的落實而限制土地開發，長期的土地淨化與生息，造就了擁有蓊鬱山林和蓬勃海川的野性浯島。

我和金門的情誼算來頗深，早年服義務兵役時便被派駐到金門近2年的時光，仗恃著年輕氣盛憨膽十足，甚至敢偷藏望遠鏡從事當時戰地尚屬禁忌的觀鳥活動。後來從事野鳥生態影像創作做為專職之後，固定每年也都會前來金門數次，為的就是再度回來探視這些生活在金門戰地的飛羽老友。

然而，自從國內機票飛漲，加上金門戰地政務解除之後，開放禁建限制令和湧入大量觀光、過境人潮，原本青翠的大片林地部分遭受開發，被雨後春筍般矗立的一棟棟新興建築物所取代，算一算，我也有好幾年沒再踏上這塊土地了。

2014年元月，好友張培鈺先生從設籍地金門回到臺灣，告訴我們小金門的陵水湖有18隻黑面琵鷺度冬的消息，當下黑琵先生和我就決定該到金門一趟。

小金門黃厝三層樓民宿的洪木盛老闆為人親切又慷慨，他除了親自到九宮碼頭接送我們之外，更應允我們在小金門的期間全程使用他民宿供人租用的車輛，而且只需要支付水頭到九宮碼頭之間，原本打算托運梁皆得導演車輛的極少費用就可以了。

陵水湖長約1.5公里、寬約1公里，總面積廣達386公頃，但地處低窪，明清時代就已經開發作為鹽田，但因經常遇雨成災，後來國軍以人力開鑿挖掘、築路修堤，再經金門國家公園撥款規劃、棲地營造

和增闢賞鳥牆等觀鳥設施，形成了現在湖景清幽、生態盎然的水鳥樂園。廣大的湖面被分水堤與道路分割穿越，形成了數座形狀不一的大小水域，車道與賞鳥步道兩旁盡為高聳的木麻黃、烏桕與水柳等大小喬木隔離遮蔽，水岸和沙洲淺灘，或聚或散，錯落分佈著茂密的蘆葦和水燭，提供了眾多生物隱密的棲息環境。

我和黑琵先生造訪陵水湖期間，除了如願記錄到了在淺灘上休憩打盹，藏身於草潟坔澤之中努力覓食的黑面琵鷺之外，也拍到了3隻東方白鸛、度冬的6隻豆雁家族、以及大量的雁鴨科與鷺科水鳥。每日，早出晚歸守候在水岸，迎接雨霧朝日和如幻似畫的水澤鳥影，目送餘暉夕日西下，誠心讚嘆著鸝鷺大隊的翩翩歸巢，成就了此行最美好的回憶。

01 戰地金門，位居臺海防禦的最前線。　02 陵水湖畔冬季蕭瑟的景緻。　03 陵水湖是湖景清幽，生態盎然的水鳥樂園。　04 隱身於陵水湖草澤間的黑琵。

專題報導│黑琵在臺灣　黑面琵鷺在臺灣度冬環境之棲地利用與行為模式

國立臺灣師範大學生命科學系　王穎 王佳琪 陳尚欽 黃書彥

黑面琵鷺在臺灣的分布

黑面琵鷺在臺灣停留期間，主要以臺南地區為主要度冬棲息地，以曾文溪為中心，南達四草地區，北至七股鹽田等地，活動區域包含東魚塭、燈塔魚塭、北魚塭、龍山魚塭、樹北魚塭、四草鹽田、祿龍宮區、七股鹽田、太平洋海釣場附近等區域。其中東魚塭區、北魚塭區、四草鹽田等地是每年均有記錄的區域，又以東魚塭區最常被黑面琵鷺使用。

除了臺南地區外，在臺灣其他地區也陸續有黑面琵鷺的發現記錄，其中有些地區可能是黑面琵鷺在繁殖地和曾文溪口遷移途中的休息站。出現棲地包含魚塭、鹽田、休耕水田、河口沙洲等。如蘭陽溪口、五十二甲濕地、無尾港、卑南溪口、知本溪口、知本濕地、香山濕地、中港溪、蘭陽溪、花蓮溪、大肚溪、鰲鼓濕地、八掌溪、高屏溪、林邊、關渡、挖子尾、金山、貢寮、田寮洋。澎湖之興仁水庫、成功水庫及馬公。金門縣之慈湖、烈嶼及浯江溪口等。

行為與利用棲地

黑面琵鷺喜歡停棲在淺水位的水域，包含魚塭、鹽田、沙洲、泥灘地等。在20公分以下的溼地最常被使用。臺灣地區位在曾文溪口北岸的河灘地，被當地研究人員及賞鳥人士稱為主棲地(黑面琵鷺主要棲息地)，三面由堤防圍繞，其內有約300公頃的浮覆洲，西堤有水門控制水位，受潮汐漲退的影響，為黑面琵鷺度冬期之白天主要活動地點。此區域安全而廣闊，除黑面琵鷺棲息外，亦有許多冬候鳥在此棲息。本區已於2002年劃設為黑面琵鷺保護區。黑面琵鷺常在黃昏後，分群至附近魚塭區覓食。有些個體一晚上可飛離白天棲地約10公里處覓食。有些魚塭每年都會重覆被黑面琵鷺使用，最常使用的是主棲地東邊的東魚塭區。黑面琵鷺主要的食物為魚類，在臺南地區以吳郭魚和豆仔魚為主。

黑面琵鷺覓食時，會將嘴喙放入水中，左右來回掃動，有時會邊覓食邊前進，亦有許多個體一起覓食的現象。共同覓食時，許多個體會一起朝著同一個方向前進。

臺灣地區的黑面琵鷺棲息時，常聚集成群，停留在固定的水域中，有些個體會在主群中走動改變位置。而當水域的水位受潮汐的影響，水深逐漸增加時，黑面琵鷺會逐漸改變停棲位置，慢慢走動或飛行到水位較淺的地方。白天黑面琵鷺幾乎都在休息，休息時常用單腳站立，將頭埋在翅膀下方，偶而起身舒展身體，打哈欠。維持羽毛的清潔和完整是相當重要的工作，黑面琵鷺常用嘴喙整理羽毛，偶而會抬起腳爪抓癢。在天氣好時，有些個體會蹲在水中洗澡，用翅膀拍打水面，再用嘴喙梳理羽毛。黑面琵鷺個體間的互動包含友好及敵對行為。友好行為如幫忙另一隻個體整理羽毛，互理行為常常集中在頭頸部。個體間的敵對行為包含挑釁、張嘴威脅、互啄及追逐等。友好或敵對行為常發生在亞成體和亞成體之間。

魚塭經營與黑面琵鷺利用

臺南七股地區漁民養殖歷史悠久，有人三代都在這裡經營養殖業。主要的養殖種類有虱目魚、吳郭魚、鱸魚、烏魚、豆仔魚、文蛤、草蝦、白蝦、紅蟳等，有時亦混養一些雜魚。收獲時間則視種類而異。養殖魚塭水位過深，黑面琵鷺不會利用，但當魚塭收成後進行曝池，當水位下降到適合深度時，無意間提供黑面琵鷺一良好覓食場所。近年來，養殖業沒落，許多廢棄而逐漸沼澤化的魚塭，周遭有許多水生植物，如同天然草澤，是黑面琵鷺常常活動的地方。

生存威脅

冬候鳥在度冬地區需要儲存進行北返的能量，若外界的干擾因子太多，使牠們消耗過多的能量，可能使牠們無法順利的返回繁殖地。

黑面琵鷺在度冬期間可能受到的生存威脅,包含過度干擾、棲地破壞、食源不足、疾病威脅、天敵捕食及人為獵捕等。過去曾發現黑面琵鷺白天在棲息時,有時會受到鷿鷉科、鴴科或鷗科等水鳥成群由黑面琵鷺主群上方飛過的驚擾。或有飛行物從天空經過產生的聲音,亦會造成干擾。干擾程度低時,部份黑面琵鷺會驚醒,將頭抬起,呈現警戒狀態。干擾情形嚴重時,黑面琵鷺會整群飛起,在天空盤旋,然後再降落。干擾太大時,黑面琵鷺會離開原來停棲的地點。

在疾病威脅上,2002年12月發生因為肉毒桿菌毒素的黑面琵鷺中毒事件,造成90隻中毒,其中73隻死亡。中毒比較輕的17隻,經各方人士照顧,身體恢復健康後,野放回大自然中。野狗也會對黑面琵鷺造成威脅,過去曾觀察到野狗追趕黑面琵鷺的情形。

 生態保育

黑面琵鷺棲息環境包含河口沙洲、潮間帶、沼澤等天然濕地、魚塭及水田等人為濕地,其棲息環境同時是許多水鳥賴以維生的棲息場所。濕地生產力高,並為許多魚蝦類的繁殖地區,同時濕地在水分的貯存、淨化與海岸線保護上扮演極重要的角色。在保育生物學上,黑面琵鷺被視為保護傘種(Umbrella species),致力於黑面琵鷺及其賴以為生之生活環境的保育工作,不僅對其他在濕地生活水鳥有利,亦同時有效維持濕地之功能。

保育黑面琵鷺及其賴以維生的溼地是全民共有的責任。黑面琵鷺在臺灣的數量若逐漸增加,則未來可能面臨棲地不足的問題,故保育黑面琵鷺的方向包括爭取黑面琵鷺適合棲地、建立黑面琵鷺保育中心、進行生物學基礎研究、保護區管理與維護、進行教育宣導工作與國際交流合作、評估生態旅遊之可行性。

上圖 保護黑面琵鷺的同時,更需要保護牠們賴以生存的棲地環境。

臺灣地區早自1992年即依野生動物保育法公告黑面琵鷺為瀕臨絕種保育類野生動物。政府和民間每年進行各種相關保育宣導活動，亦有相關生態研究進行。黑面琵鷺最重要的停棲位置曾文溪口主棲地亦於2002年劃設為野生動物保護區，黑面琵鷺重要的覓食地點主棲地東邊的魚塭區亦劃設為野生動物重要棲息環境。2005年臺南縣政府並於保護區旁成立「黑面琵鷺保育管理及研究中心」，提供民眾有關黑面琵鷺及沿海濕地的影片欣賞及生態展示空間。2009年研究保育中心轉由農委會特有生物研究保育中心接管，並成立「七股研究中心籌備處」，繼續從事沿海濕地生態相關研究與保育工作。

　　2009年成立之台江國家公園範圍亦包含了黑面琵鷺最主要的活動區域。然而由歷年的調查研究顯示，黑面琵鷺活動區域擴大到國家公園外的周邊地區，尚包含鄰近廣大的魚塭、鹽田及河口區。

　　對於遷徙性水鳥而言，度冬的棲地相當的重要，必須進行適當之保護，免於開發及各項威脅。2003年臺南七股地區曾有肉毒桿菌毒素產生，導致黑面琵鷺中毒死亡，數量多達73隻，對族群量構成影響，且該毒素會影響其他水禽，引發更大規模的暴發案例。肉毒素產生與傳播的毒素食物鏈大致可分兩種：濾食性的雁鴨會食入帶毒的蛆而中毒；食魚性的鳥類則會因食入帶毒的魚類而中毒。故針對棲地內的動物屍體、濕地土壤及水生魚貝類是否有產毒的可能性應進行調查，並依據調查結果進行風險評估，以利棲地經營管理。

　　對已劃設之保護區積極進行經營管理，優先爭取保存西南沿海濕地，因應將來黑面琵鷺族群增長後之棲地不足壓力。黑面琵鷺的棲地利用養殖業是密不可分的，尚在養殖的魚塭，水位過深，黑面琵鷺通常不會利用，魚塭收成後，淺水的環境成了水鳥最好的食源。若養殖漁民願意在漁獲完成後，提供適當的淺水魚塭給水鳥利用，將有利於對黑面琵鷺及其他水鳥族群的保護。政府應鼓勵曾文溪口當地的漁民從事有利黑面琵鷺的適當漁作。此外，喚起當地社區的保育意識亦相當重要，若當地居民能體認自然資源的珍貴性，則資源方有永續利用之可能。

　　臺灣是研究黑面琵鷺度冬習性的最佳場所，應積極進行生物學的研究，包含成幼鳥比例、生理、食性、行為、遺傳特質等亦應加強研究。每年應進行黑面琵鷺個體繫放，以掌握族群在度冬期的活動狀況。並應與國際交流合作，持續進行黑面琵鷺衛星追蹤計畫，協助繁殖地之發現。教育宣導亦相當重要，應藉由教育過程，將黑面琵鷺的現況、價值等傳達給接受教育的對象，使各界體認保育黑面琵鷺之重要性，進而支持或投入保育的工作。

　　同時黑面琵鷺亦是一個引子，透過牠的媒介將保育的重要性，對自然的關懷，其他物種或環境的重要功能等，一併傳達給教育對象。

專題報導

01

02

03

01 黑琵喜歡棲息在魚塭、鹽田、沙洲、泥灘等淺水域。　02 保育志工急著將肉毒桿菌中毒的黑琵裝箱送醫。　03 郭東輝先生於臺南土城魚塭，救起肉毒桿菌中毒傷鳥。　| 063

越南｜紅河河口春水國家公園

2013年12月8日我們再次背起行囊，這是一個臨時決定的行程。

原本打算安排香港米埔的拍攝行程，但卻錯失了基圍洩放水位，藉以進行生物調查的時機，因為淺水位是最容易吸引黑面琵鷺靠近覓食的最佳拍攝機會。剛好此時社團法人臺南市野鳥學會郭東輝總幹事捎來一個重要訊息，說越南春水國家公園的朋友來信告知，已經掌握到黑面琵鷺穩定度冬的棲息地點，每天確定出現的數量有21隻，應該是今年度冬族群的最大量了，希望我們把握這個機會。

因為郭總幹事與春水國家公園的關係友好，所以我們便商請他一起同行，於是從討論、安排行程到成行大約只花了一個星期時間，匆匆完成簽證、訂機位及購票等手續，在12月8日清晨搭上了高雄小港國際機場飛往河內的班機。

其實這趟行程最辛苦的當屬黑琵先生了，他在行前已經一個多月因為泌尿系統不適住院，隨即醫師評估無法自主排尿而需終日裝置導尿管、尿袋。又因為擔心身繫超量液體的尿袋，在通關進行安全檢查時因而違反了航空法規，因此又跑了多趟醫院，數次開立、修改以符合越南航空公司要求的英文病歷證明。

在越南期間，由於郭總幹事的朋友事先安排租用一部包含司機的休旅車，所以從機場入境到前往春水國家公園途中，一路上我們可以從容不迫的仔細端詳這個曾經被稱為北越的神秘國度。

由於司機對於路況不熟，加上紊亂擁塞的交通與破舊的道路，我們共花費了6個小時才抵達春水國家公園管理中心，與管理人員簡單招呼並了解鳥況之後，下午3點多便輕裝跟隨管理人員前往黑面琵鷺在紅河河口一帶棲息地觀察。

我們將汽車停妥在一個看似廢棄的宅院空地，接著必須順著一條長滿紅樹林的潮溝邊小路，步行6公里左右才抵達黑面琵鷺棲息地。潮溝的水位會隨著海水的漲退而調節升降，貼著小路的另一邊則是一畦畦綿延不絕的廣大魚塘，經過觀察後，發現這些魚塘的性質有別於臺灣常見的養殖魚塭，每個魚塘都有一座小型磚砌的閘門貫穿小路連接到潮溝，魚塘主人便是利用漲潮時魚群隨著潮水進入水塘，當開始退潮時則在水閘門口架設網具，攔截捕捉隨著潮水退出的魚群，有點類似於臺灣堆砌「石滬」的漁法。

黑面琵鷺在這裡的棲息環境，是魚塘水中一條突出水面的狹長土堤，但是我們到達的時刻恰巧碰到退潮，可能黑面琵鷺此刻分散到各個淺灘地覓食，因此我們並未看到任何個體。

享用過越南式美味晚餐之後，夜裡投宿在一間百餘年的傳統老宅之中，笑容可掬的民宿主人是一對老夫婦，操著簡單的英文字彙，親切的與我們比手畫腳，有一搭沒一搭的閒聊著。就寢前，我才驚覺須和老先生共用同一間臥室！這將是一個睡不安穩卻又難忘的經驗吧。

隔天5點，匆匆吃過越南早餐之後，天色未亮我們就摸黑出門，司機載著我們到昨天下午的紅河河口濕地，我們各自背負著沉重的攝影器材，開始了6公里的慢步腳程。到達棲息地時適逢漲潮，看看時間也才6點多，不過卻還未見到黑琵的蹤影，於是我們開始各種猜測，甚至將原因推給此刻在魚塘岸邊，正以挖土機硫窿、硫窿發出巨響賣力施作的土堤修築工程。

所幸又等候了約莫1個小時之後，終於有小群黑面琵鷺陸續回來，不過可能確實受到堤岸工程的影響，黑琵降落時選擇停棲在較遠處的土堤之上。不過在將近2個小時之後，整個黑琵群落連同一百多隻黑尾鷗，感受到逐漸近逼的挖土機威脅，在一個大聲響之後，全數飛離了這個魚塘，深入到更遠的安全棲息環境避難去了。

中午，我們就近在魚塘主人的工寮裡吃了一頓簡樸的漁民家常午餐，主人熱心的招呼和頻頻為我們斟敬私釀的米酒，我雖然平素不勝酒力，但在盛情難卻之下也小酌了兩口。我們在漁寮裡休息到2點多

以避開中午火熱的艷陽,眼見黑面琵鷺返回無望,才又步行了6公里回到車上,接著便只能驅車在週遭四處找鳥閒晃。

　　這次越南河內春水國家公園的黑面琵鷺拍攝行程,雖然沒有得到原先預期的豐碩成果,但是接觸到友善的人們,純樸的民風,新奇的景物與美味可口的食物,還是讓我們覺得不虛此行。

01

02

03

01 黑琵先生忍著身體的不適,依舊長途跋涉,追尋黑琵蹤跡。　02 歇息於魚塘狹長土堤的黑琵。　03 扛著沉甸的器材,開始6公里的漫漫腳程。

香港 ｜ 米埔自然保護區

亞洲地區有無數個濕地和水鳥保護區，其中棲地經營與管理最為完善，部分物種數量與生物多樣性最具有規模的自然棲地，我相信在喜愛大自然的國際觀鳥人士心目當中，位於香港的米埔自然保護區應當是許多人的首要選擇吧。

米埔自然保護區位於香港西北角的后海灣濕地，濕地面積約為2,700公頃（其中米埔面積約380公頃），為許多生物提供了安全的自然棲息環境，更是眾多遷徙性候鳥越冬與過境的天堂。香港世界自然基金會（WWF, HK）自1983年開始管理米埔自然保護區，並持續進行研究保育和設置教育設施，以維護濕地的永續經營與管理。

1995年9月4日，后海灣約1,500公頃的濕地因為符合「拉姆薩濕地公約」（Ramsar Convention）的規範而被劃設為「國際重要濕地」。其中米埔自然保護區豐富的環境分別有：魚塘、基圍、潮間帶泥灘、紅樹林、蘆葦區及淡水池塘等區域，除了增加參訪者對區內野生動植物種群和其生境的認識，多樣性的棲地環境更造福了保護區內眾多的生物棲息，同時也發揮了教育、休閒、保育、研究及基線生態監測等多元性功能。

每年春秋兩季是米埔自然保護區遷徙性水鳥的最佳觀鳥季節，不過我們為了記錄在這裡穩定度冬的黑面琵鷺族群，通常會選擇在數量最多的冬天造訪。2009年之前，由於臺灣和大陸之間尚未開通定期航班的直航運輸，所以我們大多以取道香港的方式進出大陸，為了增加效率和節省旅費支出，黑琵先生自2006年冬天開始，在往返大陸的行程之中都會額外安排在米埔停留5日的拍攝計畫。

由於香港僅僅隔著后海灣便與廣東的深圳隔海相望，因此黑琵先生也時常在回程時，經由深圳觀鳥會的余詩泉先生及游云女士兩位賢伉儷的熱情接待和護送之下入境香港，再轉往米埔自然保護區。透過

米埔保護區經理楊路年博士與文賢繼博士的安排，黑琵先生得以夜宿在保護區的研究人員宿舍，其好處是可以在保護區開放前與關園之後，把握清晨與傍晚的柔和光線進行拍攝工作。為了避免對野生動物與環境造成干擾及傷害，園區不容許所有機動車輛通行，所有遊客和自然觀察者都必須步行，但黑琵先生因為年長加上背負著沈重的設備，偶而會向管理單位商借腳踏車輛，以較省時省力的方式行進。

黑琵先生在天色微亮時分便已啟程出發，除了沈重的照相設備之外，還需備齊一天的飲用水和乾糧。而緩行在賞鳥步道上還得仔細搜尋濕地裡的鳥況，以備隨時停下腳步拍攝記錄。園區內規劃完善的步道交織在基圍、魚塘、蘆葦區和紅樹林之間，其中「基圍」是黑面琵鷺在保護區內重要的覓食棲地，「基圍」一詞指的便是由基堤所圍繞的池塘，是亞洲沿海自古以來在海灣或河口地區建立蝦塘養蝦的傳統養殖方式，主要作為養蝦用途，有的也養殖魚類、蠔蚌、海藻及鹹淡水莎草等。

米埔自然保護區的基圍每個佔地約10公頃，為了合乎永續經營的管理與善用沿海濕地的天然生產力，漁民在秋天由后海灣引入帶有蝦苗的海水，蝦苗則依靠分解塘底的紅樹落葉等有機物為食物，因此，漁民會保護基圍的紅樹林，以提供池塘中魚蝦穩定的食物來源。

早期傳統蝦塘在初冬時節完成蝦期收成之後，蝦塘的管理者會將基圍完全放乾，以便撈捕塘內的魚類，此時塘底泥濘的淺水區往往吸引無數鷗鷺、白鷺、蒼鷺及黑面琵鷺等鳥禽前來覓食。正因為這種管理基圍的傳統方式有利於米埔的生態價值，因此基金會仍持續在冬季輪流放乾基圍。從11月至3月這段期間，工作人員每2星期輪流放乾一個基圍，提供過境或是在后海灣度冬的遷徙性鳥類覓食環境。

我們預先透過米埔自然保護區向香港警務署申辦了「邊境禁區通行證」，才能進入后海灣潮間帶進行觀鳥參訪活動，沿著蜿蜒的海岸線，行走在錯落於紅樹林與泥灘之間的浮橋上，雖然狹小僅容擦肩但卻十分平穩，且為讓使用者在不干擾水鳥的前提之下，在浮橋的各個分支的盡頭皆構築了隱密而舒適的觀鳥小屋供賞鳥者使用。

　　在后海灣潮間帶覓食與棲息活動的黑面琵鷺及其他水鳥，與海水的漲退有直接的關係，成千上萬的各種鷸科、鴴科、雁鴨科、鷗科和鷺科鳥類分散在退潮之後的廣闊泥灘上覓食，再隨著海水的逐漸淹漲而退回陸岸，最後成群聚集在近岸沙洲和淺水的泥灘地上。每當搜尋獵物的白肩雕或其他猛禽從空中低飛而過，漫天驚飛而起的水鳥、雁鴨群遮天蔽日，令人目不暇給，極為壯觀。

01

02

　｜　01 黑琵先生藉由紅樹林的掩護，進行拍攝工作。　02 藏身蘆叢中歇息的黑琵與蒼鷺。　右圖 基圍放乾後所形成的淺水區，吸引大量鳥禽前來覓食。

中國大陸 ｜ 海南省四更鎮

海南省是中國大陸唯一的熱帶島嶼省份，素有「南海明珠」的美名，堪稱最負盛名的熱帶濱海度假勝地。然而這個當今意氣風發、閃亮耀眼的南海瓊島，在歷史上也曾是蠻荒瘴癘的邊陲之地。僅僅唐、宋兩代就有不少朝中文武大臣，屢屢遭到貶謫來到這個海南荒島以為懲戒，其中著名的文豪蘇東坡就曾於北宋年間，遭到貶謫流放至海南島昌化充軍，不過天性豁達的蘇軾並未因此而鬱鬱寡歡，反而留下不少知名的優美詩詞，以歌詠海南島自然天成的明媚風光。

「九死南荒吾不悔，茲遊奇絕冠平生。」一語道盡蘇軾面對海南天成的美景，寧死不悔的堅定心志。

雖然我們無從臆測蘇東坡在海南島流放的期間裡，是否有緣目睹任何珍禽異獸，不過經由黑面琵鷺全球普查的網絡串聯，據悉在海南島睽違了20年的黑面琵鷺，於2003年1月又再度被北京環誌中心張國綱博士、海南師範學院梁偉博士與張洪益博士等人所觀察記錄到。

同樣在2003年，韓國環境運動聯盟（KFEM）在濟州島召開年會，並舉辦黑面琵鷺國際研討會議，廣泛邀請了包括臺灣、日本、香港、大陸和南韓等專家學者參加。黑琵先生接受金守一博士（Dr.Kim Sooil）的邀請出席了這個會議，並在議程中透過張國綱博士的介紹認識了梁偉博士，也因為這個因緣際會，黑琵先生在2006年首次前往海南島，參與了張國綱博士和梁偉博士在當年所進行的黑面琵鷺全球普查活動。除了在「東方市四更鎮」發現比較大量的度冬群落之外，以環島方式進行的全面性調查途中，也發現了3到4處海岸濕地都有零星的黑琵度冬個體。

2007年3月，黑琵先生再度隻身前往海南島，經由梁偉博士安排一位研究生韋鋒先生全程陪同，以協助尋找黑面琵鷺和處理交通事宜。黑琵先生就近投宿在四更鎮的簡易民宿，每天清晨2人再一起出發到寬廣的濱海濕地，逐一探尋黑面琵鷺的蹤跡。四更鎮北黎灣的濱海沿岸地帶寬廣而荒僻，目測視野與臺南七股海濱地區相去不遠，而臨近海濱區域的土地被漁民所圈圍，形成了一區區格局縱橫的養殖魚塭，綿延其間突出的一排排電線桿和交織的電線網絡，則是魚塭養殖區域與周邊荒野的明顯界線。

韋鋒先生以機車承載黑琵先生以及貴重的照相器材，在魚塭狹窄蜿蜒小徑當中吃力的鑽行，機車行駛在積沙的鬆軟路面，一度因為重心不穩、車輪打滑致使整車翻倒，將黑琵先生壓倒在車身底下，所幸並無大礙。

穿越過魚塭區域之後，黑琵先生在堆積的綿延沙丘和紅樹植叢相接的凹陷積水淺灘地，發現了30～40隻黑琵的身影，觀察後發現在這裡度冬的黑面琵鷺顯得有些警戒不安，頻頻抬頭左右張望，也許是魚塭區和海岸沙洲間密佈的定置漁網，頻繁活動的漁民屢屢造成前後夾擊，使得在這裡度冬的鳥群需要隨時隨地提高警覺，以提防各種威脅突然出現。

黑面琵鷺在退潮之後的泥灘和定置漁網的隙縫間覓食，鳥群在漲滿潮水之際，紛紛聚集至突起的沙洲，與大杓鷸、裏海燕鷗、鷸科、鴴科等水鳥群一起躲避潮水的侵襲。但當海水漲到無處可棲時，黑面琵鷺則整群飛起進入內陸的淺水灘地，或是大片紅樹林植叢的枝葉頂梢嬉戲和歇息。

01

02

03

04

01 四更鎮北黎灣的濱海沿岸,目測視野與臺南七股相去不遠。　02 黑琵與其他水鳥們聚集到突起沙洲躲避漲潮。　

03 黑琵不受遠方龐大機具所干擾,自在如故。　04 潮水漲高時,黑琵飛至紅樹林梢嬉戲歇息。

中國大陸｜福建省福清、莆田

「數叢沙草群鷗散，萬頃江田一鷺飛。」出自晚唐著名詩人溫庭筠的《利洲南渡》律詩，詩人雖然藉著創作吟詠來抒發滿懷的思緒，不過這段詩詞也透露出當時四處可見的江海濕地景緻。

遷徙性水鳥對於海岸濕地的依賴程度相當高，這些濕地的類型與規模也取決了棲息其間的水鳥種類與可承載的數量，然而先決條件是必須位於候鳥遷徙路線上。福建省的海岸直線距離大約只有500公里，但是海岸線總長度卻長達3,752公里，代表著福建省的海岸地形極其複雜，是由迂迴曲折的大小天然海灣所構成。根據中國大陸的地質專家分析，福建的海岸有基岩海岸、沙質海岸、紅土海岸、淤泥質海岸、生物海岸（紅樹林和珊瑚礁海岸）、河口海岸及人工海岸等7個基本類型。多樣的海岸地形加上複雜的大小海灣，組合形成了不同類型的海岸濕地，為不同的鳥類提供了各種優質的棲息環境。

不過，大陸近30年來，積極擴展經濟成長所帶動的沿岸開發、污染和過度撈捕，已經使得東南沿海區域出現環境污染、破壞和生態資源枯竭等嚴重後果。以黑面琵鷺的度冬族群數量為例，雖然中國大陸擁有廣大面積的海岸濕地環境，但是2014年1月全球普查的數量，整個大陸華南地區卻只有不成比例的339隻棲息，約佔全球總數量12.4%，落後於臺灣（60.9%）和日本（12.8%）僅居於第三位。

興化灣位於福建省海岸線的中間區段，是黑面琵鷺在中國大陸最主要的度冬棲息地，從興化灣北邊的福清市到西邊的莆田市，鄰近海灣的幾個濕地則是黑面琵鷺經常性活動的區域。

黑琵先生為了暸解黑面琵鷺在福建省沿海的度冬情況，在2007年3月前往興化灣，透過福建觀鳥會楊金會長的幫忙，委請以鳥類嚮導為業的林晨先生，全權協助黑琵先生在福清市的觀鳥行程安排。福清市位於福州東南方，濱臨興化灣的福清市「江鏡華僑農場」和莆田市

「赤港華僑農場」，是黑面琵鷺最主要的度冬棲息地，每年度冬的鳥群數量約在100至130隻之間。

江鏡華僑農場是圈圍海灘築堤圍墾的環境，農場內有一畦畦方正的廢棄曬鹽淺灘，原是作為食鹽生產之用途，而本來種植單一水稻作物的農田則因為產能低下，紛紛改變作為養殖魚塭，藉以發展淡、海水魚類養殖為主的支柱產業。農場外，仍然有寬廣的潮間帶泥灘，退潮之後並不難發現駝腰匍跪在泥灘地裡挖掘蛤貝的漁民，和黑面琵鷺絲毫不畏懼的混雜在其間低頭覓食的畫面。在農場內，黑面琵鷺與鸕鷀、海鷗等鳥群聚集在鹽灘及魚塭的土堤上休息，每當魚塭放低水位，圍網捕撈漁獲的漁工正在忙碌工作的同時，黑面琵鷺也常會成群棲立在魚塭對岸的土堤上，等待捕撈作業結束之後，降至無人的淺水魚塭內捕食漏網之魚。

2013年1月，黑琵先生再度專程前往福建莆田市，以彌補先前跟隨林晨先生前去，卻因為沒碰上合適的潮汐時間，以至於未能親眼見到黑面琵鷺的遺憾。黑琵先生接受莆田當地鳥友陳奇先生熱情的接待，陳奇先生也是福建省知名的鳥類生態攝影專家，由他帶領著黑琵先生尋找黑面琵鷺的蹤跡，佔盡了「地利」與「人和」二大因素，應該不至於空手而回。

兩人來到了赤港濕地，行走在赤港華僑農場境外海堤之上，長堤之外是一格格圍海築墾的養殖魚塭。視線再往外推進則是逐漸向海的泥灘坔埔，感潮帶上無數的侵蝕潮溝兩旁，則樹立著櫛比鱗次的整齊竹樁，竹樁頂端垂掛著繫繩藉以張羅一件件鉛墜入海的縝密漁網，藉以攔截撈捕被漸漲的潮水所趕上來的魚群。黑面琵鷺原本猶能立足在微突的沙洲上，但隨著整片海灣被漲滿的潮水所淹沒，牠們紛紛棲止飛降於一根根佇立的竹樁頂端，少數幾根竹樁甚至成了黑面琵鷺爭

相競逐的熱門棲所。而牽掛在一根根竹椿之間，作為維繫漁網的纜繩，也成了調皮黑琵的遊戲場，牠們偶爾拍動高舉的雙翅，就如同走在鋼索上維持平衡一般，藉以調節在海風中不穩的搖晃腳步，並伺機再次奪回熱門的竹椿寶座。

從南到北，從度冬棲息地到繁衍生息的築巢區，黑面琵鷺無時無刻，在在展現出對環境驚人的適應能力。我們有幸追隨著牠們的腳步，親眼目睹牠們在不同的環境裡，在各種惡劣的氣候條件下，順應自然不屈不撓的自在故我，在時空的洪流裡，一次次見證著蓬勃的生命奇蹟。

01

02

03

01 黑琵穿梭在採集蛤貝的漁民間覓食，絲毫無懼。　02 魚塘整土後的堤岸上，鳥群伺機覓食。　03 潮漲了，黑琵搶佔定置網竹椿的有趣畫面。

中國大陸｜上海市崇明島東灘濕地

上海市崇明島是中國大陸僅次於海南島的第二大島，地處於最大河流長江的出海口，也是全世界最大的河口沖積島，自古以來素有「長江門戶、東海瀛洲」的稱號。

崇明島位於西太平洋沿岸的中國大陸海岸線中點，全島三面環江，一面臨海，地理位置剛好扼守在長江、黃海以及東海的交匯處，更是東亞水鳥在春秋季節遷徙的重要中繼站，歷年來累積的鳥種紀錄高達50科290種。崇明島東灘濕地位於崇明島最東端，在1999年4月獲准成立保護區管理處，2002年由「拉姆薩濕地公約」（Ramsar Convention）秘書處指定為「國際重要濕地」，接著在2005年7月由中國大陸國務院核定為「崇明東灘鳥類國家級自然保護區」。

2012年5月16日，台江國家公園管理處呂登元處長率代表團，至中國大陸拜訪崇明東灘鳥類國家級自然保護區管理處，並簽署合作協議書，這是兩岸國際級濕地首次交流合作。合作協議書的內容，包括共同推動候鳥遷徙繫放研究、強化濕地保育及復育工作、增進雙方工作人員互訪交流及建立資訊交流平臺等。因崇明東灘位於黑面琵鷺遷徙路線上，台江國家公園管理處也希望透過此次的兩岸合作協議，在崇明東灘推動黑面琵鷺衛星發報繫放計畫，記錄其遷徙路線及動態。

2006年，黑琵先生透過臺灣「拍鶴達人」吳紹同先生的引薦，認識了同樣也是長期進行野鳥拍攝記錄工作的張詞祖先生，並在張先生的帶領下，試圖在崇明東灘尋找黑面琵鷺的蹤影，不過卻萬萬沒料到，就算有擅長尋鳥拍鳥的老上海帶路，但置身在東灘濕地蒼茫的蘆葦濕原之中，想要尋找黑面琵鷺就像大海摸針般困難。2008年，黑琵先生又再次前往崇明東灘尋找黑面琵鷺的蹤跡，同樣的荒野蒼茫，在層疊糾結望眼無際的蘆葦沼澤裡，依舊遍尋不著黑琵的蹤跡，只能再次無功而返。

直到2012年12月，黑琵先生應邀在上海舉辦黑面琵鷺生態講座及攝影展，結識了一位熱衷於野鳥生態攝影的同好—袁曉先生，袁先生任職於上海市野生動植物保護管理站，並以「黑皮」的稱號聞名於大陸各大知名野鳥攝影社群網站。二位先生有著相同的理念，因此一拍即合相見歡喜，巧合的是，同樣以「Happy」為名，又同樣是喜愛黑面琵鷺的野鳥生態藝術攝影愛好者。經由「黑皮先生」的介紹，「黑琵先生」拜會了崇明東灘鳥類國家級自然保護區管理處湯臣棟副主任，並在湯主任的派車接送下，由專人送至保護區內幾個黑面琵鷺可能出現的區域。由於不好意思耽誤到保護區工作人員正常作業，所以黑琵先生在約定好接送的時間之後，便獨自在沙洲水澤之間耐心等候黑面琵鷺出現。

因崇明島位於長江出海口，經過長期泥沙淤積與海水沖刷，海岸線多為高低不一的泥質潮間帶，加上受到潮水浸滯的時間與深淺差異，隨著地表的高低起伏形成了不同的植物群落，保護區的景觀以潮間帶濕地環境為主，植物以蘆葦、糙葉苔草、互花米草和薹草等為主要植物群。眼前的景觀盡是茂密交織的濕地植物，綿延連綴的蕭瑟冬意層層疊疊錯落在無垠的荒原之中，形成了難以透視的視覺屏障，若非剛好有一隻澤鵟低空巡弋，飛掠過葦叢的上方，受到驚擾的鳥群頃刻間自隱身的蘆葦深處逃竄而出，任憑望穿秋水也未必得幸見到黑琵蹤影。

「蒹葭蒼蒼，白露為霜。所謂伊人，在水一方。」是《詩經·秦風》裡面的一段古詩，黑琵先生堅毅不捨的再三追尋著黑面琵鷺倩影，宛若詩經所描述依傍著水畔的伊人一般令人魂牽夢縈。

我認為，黑琵先生除了擅長以其獨到的美學天賦，詮釋一張張動人心絃的生態佳作之外，他的築夢踏實鍥而不捨的精神，才更是我們後輩應該學習努力的方向。

01

02

03

01 澤鵟巡弋，水鳥們自蘆葦叢深處竄起。　　02 白羽蘆叢，寧靜悠遠。　　03 在廣闊蒼茫的濕原中找尋黑琵蹤跡。

中國大陸｜江蘇省鹽城市大豐麋鹿保護區

　　風，是存在於大自然之中，無形又無色的神祕力量。輕柔時，使人心曠神怡靜謐舒坦；狂野時，卻又令人無比敬畏奔逃走避。

　　自古以來，中華民族篤信風水玄妙，更奉「地、水、火、風」為宇宙萬物的四大元素。

　　風，從物理學來探討，是高低氣壓之間，能量轉移所形成空氣流動的自然現象。四季的變化輪替，大自然除了映射在景觀和氣候變遷，也藉由風流動的方向與能量，預告季節性的微妙變化。

　　萬物的生息，除了受到日夜明黯的支配，也表現在風的流動方向。黑面琵鷺和大部分遷徙性鳥類一般，隨著秋天日益增強的北風向南遷徙，以躲避北國隨即降臨的嚴寒冬季。春天，氣候漸暖，受到體內繁殖本能的強烈驅使，黑面琵鷺在溫暖南風的護送之下，再度啟程北返，飛越重洋峻嶺，迢迢千里，遠赴出生地繁衍生息。

　　鳥類在遷徙的過程中，充滿了各種嚴厲的挑戰，除了長途飛行需要耗費大量體力，旅行途中也潛伏著被各種掠食者獵捕的危機。氣候的急劇變化則是最嚴苛的考驗，在晴朗的天氣順風飛行無疑是一個節省體力的安全方法，而經驗豐富的遷徙群體大多選擇最短的越洋路徑，以得到最大的安全保障，因此候鳥在長程旅行的途中，慎選安全的過境中繼站，便顯得相當重要。

　　江蘇省鹽城市東濱黃海，是扼守華中候鳥過境的重要門戶，也是黑面琵鷺重要的過境中繼站。我們得知黑面琵鷺大量過境的消息時，正是上海與江蘇面臨H7N9新型禽流感大量爆發之際，幾經評估思考，決定說服擔心我們即將深入疫區的家人，毅然於2013年4月6日跨越海峽，繼續追隨著黑面琵鷺遷徙的腳步來到鹽城。

　　任教於鹽城工學院並兼任藝術教育中心副主任的孫華金教授，是鹽城少數以記錄鳥類生態作為一生職志的學者，在我們甫下飛機入境鹽城開始，孫教授便一路做陪，離開機場之後我們驅車直奔野生麋鹿保護區，保護區位於大豐市荒郊，濱臨黃海，綿延的草澤濕地望眼無際。孫教授說三月底這裡與射陽市丹頂鶴保護區，共發現兩大黑面琵鷺遷徙群落，總數量直逼700隻，事實上，我們在行前與孫教授電話聯繫確認鳥況時，就是被這個龐大的族群數量吸引而來。

　　大豐野生麋鹿保護區位於南黃海濕地，核心保護區的範圍約40,000畝，野生的麋鹿族群約200頭。濕地環境由草澤地、鹽鹼地及潮間帶所組成，植物以蘆葦、白茅及互花米草為主，濕地景觀特色除了茂密的草叢綿延聚散在廣大的沼澤之中，靠近海岸線的陸地上更羅列密佈了一座座高聳的風力發電機，數量之多幾乎無從計數。我們從核心保護區順著小路向南行駛，來到位於東台市填海造陸工區的黑嘴鷗繁殖地，沿途數十公里海岸線上高聳的風機層疊林立，如此龐大陣容，恰好說明了此區域十足是風的故鄉。

　　孫教授告訴我們，偌大的濕地在往年總是吸引為數眾多的丹頂鶴和東方白鸛等大型候鳥前來過境與停留度冬，但自從風力發電機陸續矗立之後，往日盛況已不可復見。

　　我猜測，也許是這一座座密集的龐大迴旋槳葉，在短時間內巨幅改變了濕地景觀，迫使鳥類無從適應環境的急劇變化；或可能因葉片轉動的風切噪音與機器運轉聲，甚至是密集的風機改變了原來的風場與磁場，使鳥類靈敏的感官產生排斥因此轉往他處。

　　水能載舟，亦能覆舟。同樣的，風力能幫助生物，甚或改善人類的生活，但是若未能做好周詳的評估便貿然大規模干預環境，也許大自然的反撲行動將默默迎面來襲。

01

02

01 鳥類受到季節驅使，與風向流動，展開南北遷徙旅程。　02 保護區內，野生的麋鹿族群約200頭。

在大豐麋鹿保護區拍攝黑面琵鷺，是以往從未經歷過的難忘體驗和震撼教育。身穿連身的沼澤衣涉水，單肩扛著腳架鏡頭深入草澤濕地，天寬地闊、難以分辨南北東西，經常舉目環顧四週依舊不見黑面琵鷺的蹤影，不過腳底下的泥地還算硬挺，只是必須慎防雙腳踩空陷入軟爛泥溝。平均及膝的水位還算好走，但是若深陷及腰甚至腹胸的深溝，就要提防頓時失去平衡而仆倒，避免昂貴設備因此浸水損毀。

蝸行2、3公里之後，不自覺已經穿越幾座濃密的草叢與水澤，只見孫教授熟門熟路健步如飛，我自忖遠遠落後，跟不上腳步。心想越是慌張就越容易出差錯，索性找一片開闊的低矮草叢，守株待兔環顧四周，或許會有意想不到的收穫。

不久，遠方草叢邊緣傳來踩水蹄聲，我本能的屏氣凝神，食指按在相機快門上如扣弦上之箭一般，那是一小群野生麋鹿自在的踏著水花從容走來……

在幾日的適應與熟悉環境後，我和黑琵先生終於能夠以比較有效率的拍攝方式，表現出具有大豐在地特色的黑面琵鷺生態照片。

01

02

03

中國大陸｜江蘇省鹽城市射陽丹頂鶴保護區

　　2013年4月9日，在完成大豐麋鹿保護區為期3天半的拍攝工作之後，孫華金教授開車載著我和黑琵先生一路往北，前往鹽城的射陽市丹頂鶴保護區。因為我們到達射陽的時間尚早，所以孫教授帶我們大致繞了保護區外圍的濕地與魚塘等區域，一方面讓我們了解和熟悉這裡的棲地環境，另一方面則是尋覓黑面琵鷺新近的確切位置。

　　車行在保護區外圍的道路上，這條車道原本是沿著海邊廣大濕地所闢建，但因為路面窄小失修，所以在新闢的快速道路通車之後，大部分往來的車輛都已經改道他行了。從路邊向廣大的丹頂鶴保護區裡面探望，濃密的蘆葦幾乎覆蓋整片區域，只有小範圍的積水沼澤隱約錯落在蘆葦叢之中。

　　也許是孫教授熟悉這裡的路況，也許是他喜歡高速開車，我們一路在這充滿坑洞的顛簸路面上高速行進著，不時還會遭遇到滿載蘆葦莖稈的大型貨車，整車的蘆葦莖葉堆疊溢滿了載貨的車斗，高度及寬度都遠遠超出車身甚多，我笑著戲稱它是一座大型的移動草堆。當我們與這些巨大的草堆在小車道上狹路相逢，便不時上演驚險的超車和錯車驚魂記。

　　來到野生丹頂鶴保護區，孫教授和管理保護區的門房打過招呼之後，就直接驅車穿過大門，逕自朝向保護區的核心深處行進。黃土泥路兩旁盡是高挺茂密的蘆葦，在車行之間，看似無止境的蘆葦莖稈從車身兩邊擦身而過，相同的景緻就如同跑馬燈的背景捲軸一般，持續不斷的重複流轉。

　　最後，我們停靠在一個廣大的沼澤區岸邊，原本底層的積水已經蒸散到只剩下幾處濕泥，乾涸大地形成龜裂的塊狀圖案，說明了此時土地對雨水的渴望。孫教授說現在正處於乾季，濕地的積水經過整個冬季的風吹和蒸發，逐漸形成現在的乾裂情況。在冬天，這裡穩定棲息著大量的丹頂鶴以及其他珍禽，不過隨著天候轉暖，幾乎都已經遷移北返了，等到梅雨季節開始之後，土地的旱象將會慢慢得到緩解。

　　然而，這個乾旱的季節，恰好正是蘆葦採收的重要時刻，遠方的土地上，大型機具正在忙著收割蘆葦，收集堆置的乾燥莖稈將集中暫放於葦場之中，再由大型貨車載至工廠加工造紙。

　　因為我們並未在保護區內發現到黑面琵鷺的蹤跡，因此轉向保護區外圍的魚塘區域，繼續尋找。說起這裡的魚塘，就面積而言，以臺灣常見的魚塭大小簡直就是小巫見大巫，就連臺南七股三股里一帶號稱「美國塭」的超大型魚塭，都難望其項背。「美國塭」是以其超出其他魚塭面積數倍的King size魚塭，猶如美國產製的大車、大尺碼衣物或大房舍等，作為戲謔的稱號。然而在此處看到的魚塘，目測面積比起「美國塭」甚至還要大上6至8倍，讓我和黑琵先生瞠目結舌。

　　我們在一個放乾池水正捕撈漁獲的魚塘之中，發現了10幾隻黑面琵鷺和白琵鷺混群覓食的蹤影。因為魚塘面積廣闊，為了方便捕撈作業，魚塘在構築之初，便沿著堤岸內裡周圍開挖了一圈深溝，當預備撈捕作業、水位抽降時，魚群便紛紛聚集到這個較深水的區域，因此漁民便容易就近挨著堤岸進行圍網捕魚。因為魚塘實在太大了，網魚的工人刻正在前端沸沸揚揚的鼓噪作業，然而黑面琵鷺卻不受干擾，繼續在後端的淺水區塊努力覓食。

01

02

03

01 魚塭中，水鳥覓食於原為方便捕撈時集中魚群所預留的深溝。　02 每年冬季，此區穩定棲息著大量的丹頂鶴。　03 放水後的大型魚塘呈現出蕭條蒼茫之感。

豐富的食源自然吸引來不速的饕客，黑面琵鷺在漁民眼中不至於構成嚴重的威脅，但成群結隊前來大肆掠奪的鸕鷀大軍才是漁民的心頭大患。大批鸕鷀每日清晨前來滿水的魚塘裡追捕魚群，天色猶未透亮，漁民便驅策著小船，敲鑼打鼓鳴放汽笛，在魚塭中高速驅趕這群前來盜竊的現行慣犯。

　　不過，在一番鼓噪喧騰的驅鳥儀式之中，歇息於枯水魚塘裡的黑面琵鷺也往往容易遭受波及，對聲音敏感的牠們，經常受到吆嚇和高音汽笛的震天聲響所驚嚇，結果就是整群琵鷺驚飛奔竄逃逸無蹤。

　　總算皇天不負苦心人，在我們鍥而不捨努力的搜尋之後，終於發現了一片隱密的乾涸魚塘，棲息著大約300隻疲累的黑面琵鷺及白琵鷺混群，我們猜測這應該是隨著昨日強勁的南風，翩翩降臨的過境族群。我們小心翼翼地、緩慢摸進了堤岸邊緣的濃密草叢之中，隔著適當的安全距離，透過鏡頭細數、捕捉著眼前的黑面琵鷺。

　　此刻，心裡瞬時閃過了一個天真的想法，也許鳥群其間夾雜了一隻黑面琵鷺也正同樣的觀察著我們，揣想著黑琵先生和我，不正是昔日在繁殖地與臺南七股的舊時相識嗎！？

01

01 驅趕鷸鴴時，黑琵也常被波及遭受驚嚇。　02 日暮時刻，美麗的波光與鳥影。

專題報導│天涯若比鄰　藉由繫放與跨國性追蹤調查，解開黑面琵鷺遷徙之謎

臺南市野鳥學會總幹事／國際鳥盟亞洲理事會副理事長 郭東輝

在臺灣地區，黑面琵鷺屬於局部常見的冬候鳥，每年冬天於宜蘭、金門，及嘉義、臺南、高雄一帶沿海，都有穩定的度冬族群。台江國家公園內更擁有最密集的族群，這些老朋友的前哨部隊，通常都會在秋分前後到達曾文溪口北岸主棲地。主群的各家族則在10、11月陸續抵達，再往南北分散到其他主要度冬區。

秋末，牠們由韓國半島的繁殖區遷移到臺灣西南沿海主要度冬區，春天又由臺南啟程，回到牠們的繁殖區。牠們的何時啟程、遷徙路線、中繼站的選擇、停留時間、各階段的飛行時間、飛行距離等都是研究黑面琵鷺的學者、鳥友、民眾關心的議題。

以往缺乏直接證據，對於黑面琵鷺族群遷徙路線多所臆測，近年來南韓、日本、香港及臺灣有計畫的對不少個體進行捕捉，掛上無線電或衛星發報器的繫放，如南韓繫放團隊李教授(Dr.Kisup Lee)等近年來已繫放300多隻個體，經由衛星發報器傳回的資料累積，可以初步確認其南遷北返的路線與時間等資料。

南遷的路線以2011年7月4日(出生約1個月齡)在靠近仁川國際機場附近泥灘地Suhaam島繫放，背負著衛星發報器的E44為例，由其衛星發報器傳回的資料顯示，這隻幼鳥在10月11日早上由繁殖地泥灘出發，飛越黃海，又飛越上海，再連續不停的往南直飛，於10月12日下午02：00到達新竹客雅溪口，使用31小時(10/11 07：00～10/12 14：00)，飛行距離約1,500公里，猜測應該跟隨有經驗的親鳥一起遷移。

另外的一隻個體E65，2012年6月4日於Suhaam繫放，南遷時採用類似路線，10/22由仁川啟程沿韓國西南海岸到南韓南部，10/23早上出海，直飛大陸東南沿海，10/24到達福建，10/24早上飛越臺灣海峽，下午登陸臺南，南遷時花費3天又4小時。可惜E65的電池故障，野外有目視的紀錄，卻無法回報其北返的路線。

T56南遷時，10/29清晨由韓國群山灣出發，10/30下午在黃海，10/31清晨到達杭州灣南岸，10/31～11/4沿著浙江海岸往南移動，11/5由福建北部飛越臺灣海峽，11/6下午到達臺南土城，南遷行程花費9天。

S36是2013年6月28日在南韓江華島繫放的個體，11/7開始南遷，11/10中午由南韓南邊海岸出海，跨越日本海，下午到達日本九州出水市，11/11又由鹿兒島南端跨海，11/12抵達沖繩。

南遷的啟程時間大都為10月上旬至下旬，有些個體也許考量幼鳥的體能會延遲到11月才啟程。

北返的路線：

E44在2012年都在嘉義布袋及臺南四草間活動，至2013年4月中旬才開始北返的旅程，遷移過程中，根據發報器傳回的位置如下：

4/16 13：00 由布袋鹽田起飛，23：00 經過臺中港，4/17 07：00 由富貴角附近出海，23：00 在大陸浙江省溫嶺市海邊登陸，4/18 07：00 繼續北飛，13：00 到達臨海市海邊，停留至4/22中午，4/22 13：00 繼續北飛，23：01 到達紹興市杭州灣跨海大橋東邊沙洲，4/24 07：00 繼續北飛，13：00 經上海金山區，23：00 經上海南匯嘴越過長江口，4/25 09：04 已在黃海，轉北北西，10：42 轉北北東，4/26 00：00 到達仁川機場東南邊泥灘地。北返的時間花費九天又十一小時。

王穎教授的台江繫放團隊，近2年也成功的紀錄到4隻個體的北返路線，2012年繫放的T46、T47兩隻個體，各採取不同的路線回到韓國半島，T46與E44路線相似，由臺灣北部出海，但通過長江口後，由江蘇北部海岸出海，飛越黃海，朝南韓仁川，北返過程花費15天；而T47，4/29由臺南出發直接越過臺灣海峽到達浙江外海，再沿著大陸

01   02

03   04

01 研究人員正進行黑琵繫放研究。　　02 繫放團隊為黑琵安裝衛星發報器。　　03 腳環的登錄系統，有助於瞭解黑琵的遷徙路線。　　｜　085

04 經由發報器傳回的資料累積，可以初步確認遷徙的路線與時間。

東南沿海北上，由長江口沿江蘇海岸到鹽城，短暫停留，再飛到山東青島，飛越山東半島到遼東半島北部，5/16入境北韓，5/17回到韓國半島中部，因停留較多據點，北返路途花費19天。2013的T53的北返遷移路線與E44、T46類似，5/24由關渡出發，5/26已在長江口北岸，6/2下午由江蘇北部越過黃海，6/3下午到達南韓，花費10天。

在土城繫放的T56，5/10啟程北返，5/12由新竹海岸出海，5/18～6/1停留在杭州灣，6/5由長江口北邊的江蘇南部海岸飛越黃海，6/6在韓國西南海岸群山灣登陸，花費25天。

由繫放回報的資料綜合來看，度冬黑面琵鷺族群在南遷時，利用東北季風的助力，遷移往中國大陸沿海或臺灣有兩個南遷路線，其一是快速方式(屬於較強壯或較有經驗成鳥帶領的家族)，由繁殖區起飛後以長江口為參考點，中間不停留，飛越黃海再往南，到達臺灣北部或南部，遷移時間只要2天；其二沿著韓國半島沿岸往南，以浙江或福建海岸為目標飛越黃海，到達中國大陸東南沿海後有時會短暫休息，有些直接飛越臺灣海峽，直飛臺灣北部或南部，遷移時間可能需要3～9天；另外有些族群會由南韓南部飛越日本海到達日本九州，甚至到鹿兒島及沖繩，少數個體可能以此路徑，遷移到臺灣北部的宜蘭。

北返時，西南季風無法提供尾風助力，需要較長時間才能回到繁殖區，而且中途需要有數個休息站短暫停留，有些個體由臺灣北部出海，以杭州灣為目標，跨越長江口，由江蘇海岸如東、鹽城飛越黃海到達韓國半島中部，遷移時間大約9天，有些個體在中繼站停留較久，遷移時間會延長至25天；有些個體則採用較保守的路線，由山東半島至遼東半島，到達韓國半島北部登陸，再往南遷移至繁殖區，此遷移時間為19天。

北返啟程時間，由黑面琵鷺調查結顯示，3月份即有部分成鳥啟程，具有優先選擇最佳繁殖場域的優勢，尚未具繁殖能力的個體啟程時間大約於4月到6月，年輕的幼鳥或亞成鳥，遷移時必須靠有經驗的成鳥領航，才可順利的回到繁殖區，因此近年有些幼鳥，選擇夏天在臺灣滯留，有些會在中繼站停留，俟南遷的族群移動時加入，一起到達度冬區。

上圖 配戴發報器的個體，融入鳥群中共同活動，有助於人們解開黑琵習性與遷徙之謎。

中國大陸｜遼寧省大連市形人坨

如果，大自然眾多的芸芸物種，可以表達牠們的自由意願，大概沒有任何生物願意受到人類的深深注目與關切，甚或追蹤研究；也許，牠們寧願在這世界的舞臺扮演著「配角」，甚至只是經常受到忽視的「路人甲」角色。

黑面琵鷺因為族群數量稀少，名列全球瀕危物種之一，在物以稀為貴的人性心理驅使下，人們總是蜂擁爭睹，或是使用無所不用其極的手段，試圖靠近拍攝這些繁殖中的珍禽，最後的結果就是因為干擾過度，導致黑面琵鷺不願再次光臨；大陸第一個被發現的繁殖區—形人坨就是典型的例子。

近年來中國大陸開發腳步加速，人民逐漸注重休閒旅遊，加上新近數位攝影器材精進，使得從事野鳥攝影的門檻大為降低，打著野鳥生態攝影旗幟的非專業訓練人士，如同雨後春筍般紛紛出現。且因形人坨的島主有意發展觀光，對於登島遊憩的民眾採取相對寬容的態度，在缺乏限制規範與嚴格執法下，登島拍攝黑面琵鷺的人士與日俱增，而登島踏青的遊客與居民，隨機或大規模盜採鳥蛋的情事也時有所聞。在動物的容忍度與環境負荷超載之下，黑面琵鷺是繼黃嘴白鷺（唐白鷺）之後，選擇離去的第二個珍貴物種。

1999年8月，林本初先生經由網路上的資訊得知，遼寧省大連市海域的某個無人島上，傳出了黑面琵鷺繁殖的消息，於是林本初先生約集黑琵先生和幾位志同道合的朋友，商討跨海尋找黑面琵鷺繁殖區的計畫。由於時間緊迫，我雖然也參與了旅程的討論，但由於台胞證趕辦不及，因此失之交臂。透過林本初先生當時在大連市經商的友人王貴生先生和陳碧鳳女士二位伉儷的幫忙與穿針引線，並協助安排食宿交通等問題，林本初先生、鍾榮峰先生、陳加盛先生及黑琵先生等

四人，成為臺灣首次踏上黑面琵鷺繁殖區攝影的開路先鋒。

在當時，由於中國大陸對於影像記錄者和外籍媒體抱持相對保守的態度，鍾榮峰導演攜帶的十六厘米攝影機，經過拆解偽裝才得以通關，但林本初先生、陳加盛先生攜帶的800厘米超望遠鏡頭，則因為體積過於龐大而招致注意，在抽驗檢查時遭到扣留。

由於入境過程不甚順利，一行人只得暫宿於大連市區，靜候王貴生先生動用政商關係協調處理。數日之後，透過遼寧省對臺辦公室的具結擔保，才得以領回長鏡頭。自此，「黑琵探險隊」正式展開如大海撈針般尋找黑面琵鷺繁殖區任務，不同於原先規劃的是，探險隊被派駐了一位美其名為從旁協助、觀察的臺辦人員隨行。

黑琵探險隊身處異鄉，行前只知中國科學院是在研究黃嘴白鷺的繁殖族群時，無意間發現了黑面琵鷺在黃海的無人島上築巢，至於詳細的地點及相關細節則一概闕如。因此他們選擇以土法煉鋼的原始方法，帶著黑面琵鷺的照片，在濱臨黃海的大小漁村逢人便探問，隨著日子一天一天消逝，卻沒有任何實質進展，後來有漁民建議去位於離島的長海縣試試運氣。

幾經舟車輾轉波折，最後得到一個令人振奮的好消息，長海縣眾多的島嶼當中，位於庄河灣的石城島上，可能有「扁嘴的白色鷺鷥」棲息。這個消息激勵了探險隊正逐漸低迷的士氣，踏上石城島後再次探問確認，果然在石城島東邊無人小島「形人坨」崩崖邊上，疑似有少量黑面琵鷺築巢繁殖。

01

02

03

01 繁殖季節伊始，配對的黑琵親密的互相理羽。　02 黑琵喜歡站在視野良好的礁石頂端。　03 自海上眺望形人坨。

| 上圖 進行交配中的黑面琵鷺。　右圖 黑尾鷗成群飛過的貓形礁岩，曾有黑琵在此繁殖。

由於黑面琵鷺並非該地常見鳥種，加上在地漁民忙碌於捕撈採食，根本無暇顧及鳥事，除了少數民眾曾經登上無人島撿拾鳥蛋，或是在潮間帶採集蚵、蟹、螺及貝類時，不經意瞥見黑面琵鷺之外，大部分人對這種扁嘴的白鳥多感到陌生。幾經與形人坨島主王世樑先生(大家都稱呼為王老爹)溝通協調，一夥人鍥而不捨的精神和誠意終於獲得了島主首肯，有希望完成這個幾乎不可能的任務。

島主王老爹在教職退休之後，向政府承租了形人坨，並在租約期間，擁有小島陸地與周邊海域的合法使用權利。王老爹的家就位於海邊高臺上，與形人坨恰好以一海之隔遙遙對望，島嶼山脊稜線的走勢恰似「人」字，因而得名。在晴朗的天氣裡，可以肉眼眺望小島，倘若借助高倍望遠鏡，島上細節則一覽無遺，但為了更加清楚確認，決定搭乘漁船繞島貼近觀察舒緩此刻既興奮又忐忑的心情。

一行人輕便裝備，搭乘王老爹的漁船繞行小島，果然在崩崖峭壁的邊緣發現了黑面琵鷺蹤影。黑琵先生以迫不及待的心情度過了一個難熬的夜晚，清晨，天色猶未全亮，黑琵探險隊再次搭乘王老爹的漁船，由小島的北邊搶灘上岸，依照島主的指示，循著模糊的陡峭步徑一步步往上攀爬。

黑面琵鷺的巢，位於小島西南端的崩壁邊緣，探險隊小心翼翼的魚貫前進，一登島便如同鑽入飛羽帷幕一般，滿天鳴叫飛舞的黑尾鷗黑壓壓籠罩天空。一行人穿越地面層層的低矮灌叢，終於看到黑面琵鷺的幼鳥站在巢邊岩壁間，大夥兒暫且先按耐住疲累，各自找好位置架設好器材，興奮的記錄下首次在繁殖區黑面琵鷺的歷史性畫面。

01

02

01 唐白鷺在形人坨上曾有穩定繁殖族群。　02 形人坨地勢險峻，陡峭的山壁難以攀登。　03 形人坨，因島嶼山脊稜線的走勢恰似「人」字，因而得名。　|　093

在完成登島拍攝作業，返回石城島準備上岸之際，只見一群人臉色凝重的等在碼頭，氣沖沖劈頭質問探險隊為何未經許可擅自登島，那帶頭的領導，原來是瀋陽遼寧省東北林業局的邱英杰處長，因接獲居民線報有臺籍人士擅自登島攝影而來；且小島上有國家一級保育類動物黃嘴白鷺，以及剛發現的二級保育類動物黑面琵鷺棲息繁殖，一行人未經申請許可即擅自登島拍攝，面臨被沒收底片及追究責任的險境。幾經努力解釋與省臺辦官員的緩頰說明，一行人才得以全身而退，帶著此行探險的豐碩成果返回臺灣。

後續，黑琵先生從2001年到2013年之間，更十數度自費或受邀前往形人坨關切與拍攝黑面琵鷺。其中2008年間，更因為榮獲知名企業築夢計畫的贊助，在二個多月內四次前進形人坨，以密集的次數和長時間守候，終於拍攝到舉世注目的黑面琵鷺產卵瞬間畫面。

中國大陸這第一個被發現的黑面琵鷺繁殖區，因人們的干擾如今已不復往昔，每當黑琵先生分享他過往在形人坨的種種精彩經歷，我心底除了羨慕，總隱約有一種恨不在場的遺憾。

後記
從2013年開始，基於形人坨野鳥保護區在繁殖期嚴格管制登島政策的落實，黑面琵鷺與黃嘴白鷺在島上成功繁殖的數量，自2014年起已經獲致穩定的成長。

02

03

01

01 形人坨已公告劃設為野鳥保護區，嚴禁登島干擾野鳥繁殖。　　02 公鳥帶回巢材交與母鳥。　　03 為確保繁殖期的子代數量，黑琵會頻仍的交配。

中國大陸｜遼寧省大連市元寶島

> 魂魄追隨北返的雙翼　　時刻冥想
> 醞釀良久的嚮往　　正待起飛

錯失1999年8月隨同「黑琵探險隊」前往形人坨探勘的首發行動，心裡便一直存在著未完成的遺憾，往後的幾年間，若非瑣事與工作纏身，就是沒有多餘的預算支付旅費。儘管經常欣賞黑琵先生所分享的黑琵繁殖區精彩畫面，卻只能垂涎三尺，望圖生羨之餘總是無緣企及。

雖然說「未完成」也是一種殘缺之美，貝多芬與舒伯特都留下了未完成的樂章，這些千古傳頌的旋律，反而留給後人無限美好的遐想空間，但我心中渴望前進黑面琵鷺繁殖地的念頭，卻像是「小惡魔」一般蟄伏在內心，並隨著歲月，在不自覺之中逐漸成長茁壯。

2007年5月，因為執行行政院農業委員會林務局委託社團法人臺灣猛禽研究會灰面鵟鷹繁殖拍攝計畫，和梁皆得導演前往吉林省左家保護區，記錄東北師範大學高瑋教授的研究團隊與研究樣區。

恰巧黑琵先生和張培鈺先生有意前往大陸東北拍攝黑面琵鷺，於是我在吉林省的工作告一段落之後，便獨自搭乘火車，從長春趕赴大連與其會合。

初到大連市，人生地不熟，而2位先生搭乘的飛機下午才能抵達，幸好黑琵先生在大連經營多年，累積了不少人脈。剛下火車，就見到等候多時的大連市環保局王新民處長，王處長待人誠懇絲毫沒有官僚氣息，黑琵先生每次前往大連，王處長每每在百忙之中仍然撥冗接待，不論上山下海，甚或遠征到大陸與北韓交界的「丹東市」邊境，總辛勞陪伴從不推辭。

所謂出外靠朋友，我們南征北討，追隨著黑面琵鷺腳步的旅程之中，總是仰賴不少好朋友的協助與陪伴，他們熱情接待的真摯友誼，是我們在黑面琵鷺探索過程中，最有價值的收獲。在遼寧的期間，除了王新民處長的濃厚友誼，同樣熱衷於野鳥攝影的大連市劉長德前副市長與董英歌女士賢伉儷、羅寧總裁及胡毅田教授等人，都給與最大的協助與鼓勵，堪稱是我們在大連的最佳攝影導師與工作夥伴。

不過2007年5月這次的拍攝行程，由於不想過度麻煩朋友，黑琵先生帶領張培鈺先生和我一行3人拖著10幾件大小行李，從大連市區搭乘快速巴士到庄河市，再由庄河市搭乘交通船到石城島，拉著這麼多的攝影器材，一路舟車輾轉，真不是件輕鬆的好差事。抵達石城島之後還得包車，在崎嶇小徑上穿越過山嶺，才能到達位於島上東側的落腳民宿。

民宿主人正是「形人坨」的島主王老爹，島主因為嗅到黑面琵鷺帶來的龐大商機，因此稍事整修房舍，充作出外人隨遇而安的夜棲處所。簡單的斗室只有木床與小桌凳，其他除了昏黃的燈泡和電源插座之外，別無長物。盥洗的衛浴設備則一概闕如，我們只能走出戶外，借用地方政府在鄰邊闢建的公共廁所，和以公廁的洗手臺作為盥洗擦浴的克難澡堂。其實在臺灣，我們亦經常縱橫於山野之間，本來也不甚講究物質生活，不論是夜宿山林、濡沐野溪，或者蝸居在車廂斗室，一直以來也都甘之如飴，毫無怨言。

往後2天，我們接連登上形人坨記錄黑面琵鷺育雛的畫面，但這年只有2對黑琵在島上築巢，其中1巢的位置與往年相去不遠，另1巢位則構築於峭壁外緣，儘管用盡辦法也無從目擊。黑琵先生憂心的表示，繁殖狀態不若往年精彩，黑面琵鷺減少了一半以上，而黃嘴白鷺則全數消失殆盡。

01

02

03

01 換上美麗繁殖羽的黑琵。　02 熱心誠懇的王新民處長。　03 熱愛野鳥攝影的前大連副市長劉長德賢伉儷。

就在我們因為鳥況大不如前，而煩惱惋惜之際，東北林業局邱英杰處長突然來電，表示將帶2位日本友人過來石城島與我們會合，黑琵先生則告訴邱處長此刻我們心裡的擔憂。

話說邱處長自從1999年8月，與黑琵先生「不打不相識」後，因為有著共同的目標而變成莫逆之交，知道先生對黑面琵鷺的付出與愛護不遺餘力，也曾來臺南七股數次，參與保育會議與觀摩。

2007年6月16日，九州福岡日本黑面琵鷺研究會土谷光憲先生，及西日本新聞社岡部拓也先生隨同邱處長來到形人坨訪視繁殖區，與我們交換意見之後，邱處長推測東方的一些小島，尚有可能棲息著黑琵群體，於是緊急聯絡派遣快艇，意欲繞尋週遭的小島，期盼能得到新發現。

巡邏快艇在廣闊的海面高速飛馳，航道兩旁懸浮著一排排整齊的塑料浮球，藉以定位水面下密佈的一張張定置漁網，深邃的黃海洋流漫無邊際，唯有擦身飄過的孤島暗礁映襯在海天一色之中。

追尋，是不斷的嘗試，憑藉著直覺和希望，尤其是當你置身於茫茫大海。當小艇放慢速度，停泊在這座兩端地勢高聳，中間凹陷，略呈豎直雙耳的貓頭形狀島嶼時，邱處長說這個島嶼因為外觀被漁民稱作「元寶島」。在靠岸的簡易碼頭旁邊，一列整齊的樓房因為失修略顯破落，原來這是一座停業的度假村！

在右邊卵石緩坡海灘盡頭，一座座毗鄰而立的遮陽棚架底下，忙著修補漁網和浮球的婦女和漁民們，正以好奇的眼睛盯著我們，邱處長操著粗獷的東北口音，對著一位打算制止我們的老鄉說明來意。我們隨著他的腳步穿過棚架，通過幾間低矮平房之後，循著明顯的步徑開始爬坡上山。

當行進到雙峰的山脊交界，藉由左右峰頂上空，受到騷擾而盤旋起飛的鳥群判斷，我們選擇左邊步徑，朝向陡坡繼續攀爬，登上頂點時視線豁然開朗，整座島嶼與海岸線景觀一目了然。兩座山峰高點上各有一間瞭望崗哨，哨所是由洋灰紅磚所構築，裡面擺設簡陋，只有一座燒柴的火爐連接黃土砌成的炕，在此刻陰暗無日的天候裡，強勁的海風陣陣襲來，已令人感到風霜蝕骨，可以想見嚴寒的冬日將如何難熬。

元寶島這一帶海域，是東北著名的優質野生海參養殖基地，為嚴防這些高經濟價值的海產被盜採，島主許劍波先生斥資鳩工駐守看顧，這兩座崗哨就是24小時輪班查看往來船隻的監視站，也正因為嚴密的管控，閒雜人船非經同意均不得靠岸登島。

此刻，小心翼翼的走入山峰背面，我們在此不受人為干擾的環境，觀察到數十對黃嘴白鷺築巢在濃密的矮灌叢枝條之間，而黑嘴鷗的巢卵更是四散於地面，幾乎無所不在。

繞行過黃嘴白鷺築巢的灌叢區，站立的斷崖邊緣，眼前一座尖錐形狀礁岩獨自從海中拔起，礁岩頂端和岩壁之間停棲了20幾隻黑面琵鷺，自在閒適的與我們隔海相望。由於這座礁石的獨特形狀，當地人稱之為「牛心石」，牛心石距離元寶島大約百米，其石壁陡峻難以攀爬，而且四周為冰冷海水所圍圍，因此黑面琵鷺能夠高枕無憂的樂活其中。

我們興奮的觀察著黑面琵鷺的種種有趣行為，成年的繁殖個體，從築巢、交配、孵蛋、捍衛領域、爭吵、甚至大打出手；而未成年的亞成鳥則無所事事的打盹、閒晃、嬉戲，或是到處惹事生非。

01 因為外形特徵被漁民稱為元寶島。　　02 在島上有眾多的唐白鷺繁殖族群。　　03 繁殖於牛心岩的黑面琵鷺。　　04 邱英杰處長與日本友人搭乘小船搜尋黑琵蹤影。

左圖 牛心岩因為地勢險峻,提供野鳥安全的繁殖庇護環境。　　上圖 黑琵們為了繁殖領域而爭執不休。

元寶島，這是繼形人坨之後，在中國大陸所發現的第二個繁殖區，由於這個新發現，使得在中國大陸築巢繁殖的黑面琵鷺數量瞬間倍數成長。為了見證這個值得紀念的一刻，黑琵先生、邱英杰處長、張培鈺先生和我特地合照以茲留念；而2位日本友人，也高興得當場將這個好消息，以電話回報日本國內。

　　2007年6月16日，在遼寧省大連市元寶島，分別代表了臺灣、中國大陸及日本三地的我們，共同見證了這個值得歡慶的歷史紀錄。

01

02

01 唐白鷺群中的黑琵。　　02 （自左而右）筆者、黑琵先生、邱英杰處長與張培鈺先生，因發現黑琵第二繁殖區而歡呼。　　03 羽翼漸豐的雛鳥振翅學飛。　　│　103

中國大陸│遼寧省大連市庄河口黑面琵鷺覓食區

包括鳥類在內的所有動物，窮其一生，最主要的任務便是將自身的基因藉著繁衍後代以進行種族的延續。同一物種之間，或許存在著為種群利益而團結一致的利他行為，但往往又表現出微妙的競爭關係。若以整個物種的族群利益全盤鉅觀，我們能夠理解許多動物總是集體遷徙、合作覓食，甚至共同防禦天敵；但若單以個體基因本身的利益來放大檢視，就不難發現同一物種之間其實充滿了排擠的關係，從彼此間的爭佔領域、爭奪食物及競爭配偶等，可以發現基因其實是個極端自私的因子。

而在自然界中所觀察到的利他犧牲行為，大部分發生在父母對子女的付出，尤其是母性對於子代的心力。綜觀自然界的大部分父母養育子女，不是在安穩的巢內便是孕育在體內，接著又要花費大量的時間和精力，不計成本的餵養撫育嗷嗷待哺的子女，甚至冒著極大危險竭盡氣力的保護，以免遭受掠食者的傷害。

鳥類在繁殖期間需要源源不絕的食物，才能供給子代的大量需求，所以鳥類在物色適合的繁殖地點時，除了不受侵擾的安全考量之外，就近且不虞匱乏的覓食環境也是重要因素。黑面琵鷺在中國大陸遼東半島外海的「形人坨」和「元寶島」上面繁殖，是目前已知唯二的黑面琵鷺繁殖地，由於這二座岩石小島獨立從黃海礁棚中拔露水面，有險峻陡峭的山壁及深不可測的廣大海洋作為阻絕，因此成為黑面琵鷺所鍾情的安全營巢繁殖環境。不過單有理想的築巢棲息地仍不足以做為繁殖成功的最佳保證，分別距離形人坨與元寶島15公里及21公里遠的庄河河口沖積潮間帶，隨著潮水漲退的泥灘濕地所提供的充足食物來源，才是黑面琵鷺在此成功繁殖的第二大保證。

2014年7月1日至5日，遼寧省臺灣事務辦公室在遼寧省庄河市舉行「海峽兩岸黑面琵鷺保育研討會」，國立臺灣師範大學王穎教授、台江國家公園管理處保育研究課黃光瀛課長、國際鳥盟亞洲理事會郭東輝副理事長、生態攝影專家黑琵先生、生態紀錄片製片家梁皆得導演和我等六人代表臺灣應邀參加會議。除了參與討論兩岸黑面琵鷺保育研究的合作議題，更高興的是藉由這次會議，再次與長期投入黑面琵鷺或其他鳥類研究保育的董英歌女士、邱英杰先生、周海翔教授及萬冬梅教授等幾位老朋友會晤與充分討論。

研討會期間，主辦單位還精心安排了元寶島與形人坨的實地參訪行程，由於這2年來我和黑琵先生將重點放在記錄南韓的黑面琵鷺繁殖區，闊別了2年之後再度重返形人坨，發現整個棲地管理和鳥況都改善不少。首先形人坨的管理權回歸政府，在候鳥繁殖的這段期間，嚴格管制任何人均不得登島以免對繁殖鳥類造成騷擾。這項決策也改善往年任由漁民、遊客登島踐踏棲地與撿拾鳥蛋，甚至是鳥類攝影愛好者過度貼近巢位，對繁殖鳥造成嚴重壓力，導致黑面琵鷺及黃嘴白鷺（唐白鷺）不再選擇此島築巢繁殖的窘態。

基於對繁殖期嚴禁登島政策的落實，我們在不干擾鳥巢的前提下，僅搭乘船艇繞島緩行，於安全距離之外觀察島上的繁殖狀況。這項措施至今實行到第2年，也確實發揮了立竿見影的顯著成效，黑面琵鷺和黃嘴白鷺等鳥類紛紛回歸至島上繁殖，大約有十幾個黑面琵鷺的繁殖巢位，聚散在南側陡坡的平緩階臺或岩隙的凹突交接處。

然而，在保護黑面琵鷺築巢棲息地的同時，為了確保繁殖期間育雛所需要的大量食物來源不虞匱乏，覓食區的同步保護更是刻不容緩的重要任務。瀋陽理工大學生態環境研究室周海翔教授帶我們到了庄河河口，表示經過研究團隊2013年在庄河河口所進行的長期觀察，發現自2013年3月15日至11月15日的這段期間裡，都有黑面琵鷺利用河口濕地進行棲息與覓食活動的記錄。

01 庄河河口綿延遼闊,一望無際。　02 歇息於河口濕地的黑琵。　03 「海峽兩岸黑面琵鷺保育研討會」中安排元寶島的參觀行程。　　| 105
04 周海翔教授對我們解說庄河河口正面臨的開發壓力。

眼前偌大的河口潮間帶對我們而言雖然並不算陌生，但直到周海翔教授的引領和說明，我們才知道這片廣闊幾乎沒有盡頭的沖積扇泥灘地，其實正面臨著填海造陸的開發壓力。10年前我初次來到庄河河口岸邊，就發現填海築堤的工程早已如火如荼的進行著，漫天揚起的滾滾黃塵和熙來攘往的工程車輛是我對這裡最深的印象。

時至今日，零星的工程似乎還未曾停歇，此刻最令我們感到憂心忡忡的是，黑面琵鷺在中國大陸目前唯一已知的繁殖覓食區將就此消逝，如同骨牌效應般接踵而來就是築巢棲息地也將隨之不再受到青睞。我們將對覓食棲地遭受開發問題的憂心在黑面琵鷺保育研討會上提出討論，所幸與會的庄河市人民政府官員也當場允諾，將會審慎規劃、保留部分潮間帶供黑面琵鷺覓食使用。

在2014年7月中旬，我和黑琵先生結束了前往黑龍江訪友的行程之後，再次回到大連，接著在王新民處長不辭辛勞的專車接送之下，專程從大連市區又直奔庄河大橋；我們在退潮之後的河口吃力的搜尋著黑面琵鷺的蹤跡，由於這裡的感潮帶坡度十分平緩，加上海灣的洋流沖蝕力道薄弱，每當潮水退盡之後，露出的濕軟泥灘可以綿延數公里之遙，河口有數不清的「趕海人」無懼於赤足深陷在過膝的軟爛泥沼之中，或彎腰駝背使勁的利用工具挖掘泥地，或吃力馱負著沉甸甸的竹簍網袋，將撈捕到的蝦蟹螺貝等豐碩的漁獲送回岸上。

我們終於在遠方的積水淺泥沼裡發現了零星的黑面琵鷺正忙著低頭覓食，隨著潮水再次慢慢淹上泥地，更多黑面琵鷺陸續加入形成覓食群體，隨著漲潮由海水的邊緣朝向內陸挺進。

此刻，在漲滿潮水的庄河大橋裡側，我們發現到不少當季剛離巢的幼鳥，追隨著親鳥由十幾二十公里之外的築巢區展翅首航，群聚在河口濕地的沙洲和土堤上方，除了頻頻點頭殷切的對著親鳥乞求食物，

牠們今後最重大的生存歷練便是學習覓食、蓄積體力與自主獨立，以便因應即將接踵而來的秋天，跟隨著鳥群長途南向遷徙的生存挑戰。

　|　左圖 趕海人在泥濘的潮間帶採集螺貝蝦蟹。　右圖 廣袤的庄河河口潮間帶濕地，提供水鳥們豐沛的食物。

南韓 │ 江華島

　　已故的金守一教授（Kim Sooil, PhD.），生前任職於韓國國立教育大學，長期關注黑面琵鷺的研究保育議題，並極力促進國際性的交流與合作計畫，堪稱是南韓研究「黑面琵鷺之父」。他曾經說過：「有別於在南方度冬區臺灣夜間覓食、白天睡覺的習性，黑面琵鷺回到繁殖地後，會依照潮汐時間於白天覓食。另外黑面琵鷺在兩地所覓食的食物也有很大變化，在臺灣吃鹹水海魚的黑面琵鷺，回到韓國繁殖地之後，為了餵養消化系統未成熟的小黑面琵鷺，會在農田裡搶食淡水泥鰍。」

　　江華島隸屬於仁川，位於韓國西部海面上，是朝鮮半島第二長河漢江出海口的一座島嶼，藉由江華大橋與朝鮮半島陸地相連接。江華島的北邊緊臨俗稱38度線的DMZ（非武裝軍事區），隔著僅僅幾公里的狹窄海域與北韓相互對望，南北韓分裂之後，板門店停戰協議所劃設的和平隔離地帶，使得DMZ區域因為禁止人為開發與從事任何活動，土地經過數十年不受人為干擾而調養生息，嘉惠了無數珍貴稀有的野生動植物，黑面琵鷺也在此區利用無人島嶼進行繁衍。

　　我和黑琵先生在韓國期間，往返於首爾與江華島之間的交通，幾乎都仰賴好朋友朴鍾鶴先生（Mr. Park Jong Hak）幫忙，朴先生任職於南韓最大的NGO環境組織— 韓國環境運動聯盟（Korean Federation for Environmental Movement）。至今仍然擔任專職攝影師的他，雖然白髮蒼蒼年事已高，但依舊精神奕奕、活力十足，基於禮貌未曾詢問過朴先生的實際年齡，外觀看起來應該已年逾七十了，因為彼此互相視為好兄弟，黑琵先生和我都尊他為老大哥。

　　2011年6月，我們車行於江華島北邊的小路，試著尋找隱身在水稻田裡覓食的黑面琵鷺蹤影，海岸邊緣每隔數百公尺高築的瞭望哨所，與沿路綿延架設的高大鐵絲網，時時刻刻提醒著我們刻正身處軍

事敏感地帶，而蜿蜒小路上更是不時遇到軍人駐守的檢查管制哨所。

　　印象中，早年經過特定的哨所時還得接受盤問、查驗證件，但這幾年似乎寬鬆了不少。朴先生也提醒我們，經過哨所時切記收回相機鏡頭，並在朝向稻田拍攝黑面琵鷺時，不可將長鏡頭對向附近的碉堡和軍事設施。

　　山明水秀綠野平疇，江華島大概因為水質清淨氣候宜人，加上崇尚自然耕法，所以稻田和溝渠裡泥鰍、魚蝦滿盈。此時，黑面琵鷺時而昂首張望，時而埋頭爭食，阡陌縱橫襯托著新綠秧苗，水影平波映照著金鬢白羽，詩中有畫、畫中有詩，唯美如是，夫復何求？

01

02

03

01 黑琵會在稻田捕捉淡水泥鰍，餵食雛鳥。　02 白髮蒼蒼卻精神奕奕的朴鍾鶴先生。　03 新綠秧苗中的黑琵畫面，清新而脫俗。

南韓 | 不知名礁岩

大自然充滿了驚喜，你永遠也摸不清楚祂下一步將出什麼牌，也正因為祂總令人捉摸不定，益發讓人為之深深著迷。而生命總是能夠替自己找到出口，使得我們此刻所在的這個世界，儘管只是環境條件極端惡劣的荒地，或偏僻的海角邊隅，萬物仍憑藉著自生性的旺盛生命力，處處展現出蓬勃的自然奇蹟。

這島，沒有名稱，充其量只能視之為茫茫汪洋之中，一顆毫不起眼的渺小微型礁岩。因為沒有一個可供辨識定位的確切名稱，我揣想，若此舴艋小舟在航行途中，縱使只是隨意偏離了「1 度」的航向，礁岩也極有可能立刻自航海版圖中消逝無蹤。所幸，拜現代化科技之賜，借助GPS衛星導航的精密定位，小漁船儘管航行在漫無邊際的汪洋之中，船長還是輕易的就來到了正確位置。

2013年6月25日，黑琵先生和我在朴鍾鶴先生的協助之下來到了江華島，與李起燮博士（Kisup Lee, PhD.）以及日本福岡的小池裕子博士（Hiroko Koike, PhD.）等人會合。碼頭邊，我們和研究助理共同將橡皮艇進行組裝和充氣；直覺中，這次行動似乎有點不太尋常，除了橡皮艇之外，還租用了一艘小型漁船，一行九人浩浩蕩蕩分乘二艘船艇出海。行前李起燮博士說明了這趟航行是打算前往新發現的繁殖地，一個不知名的小型島礁，但因為距離比較遙遠，加上人數稍多，為了安全的考量出動了二艘船艇出海。

橡皮艇火速在浪花的波峰之間彈跳飛馳，小漁船則緊跟在後，氣喘吁吁的吃力追趕著，二船的距離隨著時間的流逝而逐漸拉長，偶而幾個大浪迎面來襲，重重撞擊在橡皮艇的胸首腹背，只見艇身瞬間脫韁飛躍，跳離水面之後又再度重重落下。黑琵先生和我乘坐在小漁船上，猶且動蕩不安衣帽濺濕，而緊緊抱在懷中的昂貴攝影器材，惟恐被鹹澀海水潑濺濡濕，則小心翼翼的包覆在防水透氣的風衣裡層。

當下，我十分慶幸沒有被分配到搭乘橡皮快艇，不過李起燮博士的助理們，可就為難辛苦了。

船行約莫半個小時或是更久之後，眼前出現一座高於海平面約3、4層樓高的礁岩，小船環繞著礁岩週遭審視一番，島礁面積雖然不大，從不同角度觀察卻頗有「橫看成嶺側成峰」之勢。

無名島礁稜線上生長著幾棵低矮喬木，低伏的樹冠呈現略微壓縮的風剪樹型，裸露的地表上除了零星生長的短草和灌木，幾乎盡是光禿裸岩和風化的裂石碎屑。從海面上端詳島礁與其周邊環境，發現其靠陸地並不算太遠，僅僅約略數百公尺距離，但卻不能由最近的陸岸企及，原因可能是傍靠的海岸緊鄰車水馬龍的交通要道，在路邊停車觀察都尚且不易，更何況海岸邊綿延構築了高大的刺絲鐵網和縝密的海防哨所，難怪還得要大費周章的繞遠路從江華島乘船才得以接近。

無名島礁上大約棲息著150隻黑面琵鷺，當船艇略為靠近時，部分較為敏感的成鳥悉數昂首挺身，棲立在礁頂及樹冠枝梢保持著警戒姿態，對人類尚無畏懼的幼鳥和部分膽大的成鳥，則聚集形成幼鳥集團或繼續臥伏巢卵，不為所動。

由於我們只是隔著適當的距離進行觀察和拍照，並沒有登島的意圖，也沒有進一步貼近的動作，少數受到驚擾而起飛的個體在盤旋幾圈之後，確認沒有危險顧慮又紛紛回降礁岩上停棲。

在這個不為人知的無人島礁上，我們除了再一次見證了大自然無遠弗屆的生命奇蹟之外，更發現了另一件值得傳世的驚人紀錄。也許是為了適應環境所做的另一種妥協，我們在這裡看到了至少有3對黑面琵鷺，將繁殖巢位構築在喬木樹冠層的枝葉之間，顛覆了以往築巢於岩壁和地面的刻板印象，非但是黑琵先生前所未見，就連專門研究黑面琵鷺繁殖的李起燮博士也表示，這是歷年來極為罕見的特例。

01 隼島僅離陸地幾百公尺，卻要乘船繞遠道才能抵達。　02 有船靠近，敏感的成鳥棲立樹冠保持警戒。

03 隼島大約棲息著150隻黑面琵鷺。　04 確定沒有危險顧慮後，受驚擾的黑琵又飛回礁岩停棲。

所謂無巧不成書，數日之後，韓國野鳥生命協會的鄭雲會理事長（Mr. Jung Un Hoi），開車載我們前往仁川機場搭機返臺途中，因為時間尚且寬裕，決定帶我們探訪一個黑琵繁殖的秘密花園，車子在一條新關的高架公路顛簸路基上艱難行駛，一個彎道之後，開闊的海洋突然在視野中展開，鄭先生手指著遠方海洋中的一座礁岩，那不正是我們幾天前才去過的不知名島礁嗎！

　　2014年5月，也就是一年之後，懸在心中待解的謎團終於得到了答案。同樣是結束了韓國拍攝工作準備返臺的日子，途經似曾相識的路段，在好奇心的驅使下，我再度關切了這個不知名島礁的現況，鄭先生則答應要幫忙確認島礁的確實地理位置。回到臺灣數日之後，收到了鄭先生的電郵，附帶的地圖中顯示了島礁位於仁川國際機場到江華島的途中，郵件中還揭露了這個小礁岩其實並非無名，「隼島」（Mai Do）就是這座島礁的耀眼名號。

　　不過，島嶼得到了正名之後，內心反而是喜悅和失落感參半，與其更新名稱為「隼島」，毋寧習慣以「不知名礁岩」稱之，畢竟，第一次接觸的艱辛歷程與銘刻印象，才是心中最值得保有的原始感動。

南韓｜水下岩

一個物種，需要經過多少歲月的焠鍊，

才得以天擇演化生生不息？

一種生命，需要擁有多大空間的茁壯，

才能夠立足適應代代繁衍？

　　黑面琵鷺，一個國際公認瀕臨滅絕的珍稀物種。雖然牠們在臺灣並不難觀察到，經常動輒數百隻的龐大族群，或聚集休憩，或緩步覓食，聚散在河口淺灘和池沼濱原之中，無際的蒼穹對映著廣闊的濕地，點點白羽潑灑在天寬地闊的草澤荒原裡，我們看到的是一種恰到好處的閒適自在。

　　但是，當我們來到「水下岩」（Suhaam，一處靠近南韓仁川海域的礁岩）時，不得不誇張到以「擁擠」來形容此處的黑面琵鷺與牠們所棲息的環境。2011年6月18日清晨，帶著饑餓的空腹，在李起燮博士（Kisup Lee, PhD.）的安排與帶領之下，搭乘小型漁船從江華島的漁村碼頭出海，同行的還有朝鮮日報的朴記者（Mr. Park Jong Woo）。

　　雖然說要搭乘漁船出海，但卻眼看著車子離開海邊的道路，轉進山間小路持續向上攀爬，我心裡起初覺得納悶，後來車停在一個營區的門口，只見朴記者拿著文書和護照走進營門，原來是借助朴記者的特殊關係，我和黑琵先生才得以臨時申請出海。

　　回到海邊，船長已經在碼頭備妥了小船，因為漁船很小，所以搭載四位乘客加上船長，空間已經相當飽和了。此刻適逢漲潮，海面風平浪靜卻瀰漫著裊裊霧氣，漁船在行進間劃開了水面也泛起了陣陣浪頭，黑尾鷗不時低飛在漁船的周邊，撿拾被船首浪花所翻攪起來的碎屑食物。

01

02

03

04

01 Park Jong Woo記者對我們的拍攝工作提供許多協助。　02 棲立水下岩的黑面琵鷺群體。　│　115
03 退潮時，黑琵會棲立於水下岩附近的小礁岩上。　04 潮漲時，無處可立的黑琵再由小礁岩飛回水下岩。

遠方海域出現了一座高聳的大橋，隨著距離的愈靠近而愈顯龐大，這是貫穿仁川港海域的跨海大橋，有幾次從仁川港搭乘交通渡輪，都是從這座大橋底下通過，所以印象特別深刻。漁船持續朝向一座暗礁前進，因為這個礁石僅僅露出海面數公尺，那裡正是我們此行的目的地—「水下岩」。

水下岩，顧名思義就是漲潮時，大部分陸地都被海水所吞噬，僅僅露出水面非常狹小面積的礁岩。我估算可能只剩數十平方公尺的陸地孤立在海面。漁船遠遠的繞行著礁岩，讓我們得以觀察和拍攝水下岩的全貌，隨著漁船開始逐步縮減距離，島上的黑面琵鷺開始顯得有些緊張，紛紛起身挺立聚集在礁岩的高處。李起燮博士向我們表示，棲息在這個礁岩上繁殖的黑面琵鷺約有70～100對，有近200隻成鳥加上當季繁殖的幼鳥，一起聚集在這個彈丸之地，令我留下擁擠的深刻印象。

返航之前，李起燮博士特別允許讓船駛近礁岩的邊隅，雖然只有短短的三分鐘時間，卻是我們在南韓與黑面琵鷺巢、卵和幼鳥第一次的近距離接觸。

水下岩，只是靜靜淹沒在廣闊海域之中的一座小小礁石，雖然在人類眼中是如此的不起眼，但卻年復一年與黑面琵鷺持續著最美麗的邂逅。

01

02

116

03

01 漁船逐步接近，緊張的小黑琵紛紛聚集至礁岩的高處。　02 韓國研究人員登島進行繫放。　03 狹小的水下岩約有70～100對黑琵在此繁殖。

南韓｜西晚島

　　我們並不甚瞭解黑面琵鷺選擇配偶的要件是什麼，是否如同部分人類一樣講究門當戶對或是志趣相投呢？是隨緣機遇或一時衝動呢？還是眼光長遠抑或深謀遠慮呢？

　　鳥類在繁殖季節開始之初，常慎重的挑選配對伴侶，畢竟選擇優良品種的配偶，除了較能夠確保當季繁殖成功的機率外，更有助於讓下一代能得到優良基因的傳承延續。大部分雌鳥的擇偶條件可能以雄鳥雍容華麗的繁殖飾羽，或竭盡賣弄的悠揚鳴唱與繁瑣的求偶舞姿，當然，能夠提供優異覓食本事的技能，更是撫育後代時飲食無虞的有力保證。

　　2011年6月19日，我們遠征到南韓「西晚島」（Seomando），卻在這裡發現黑面琵鷺與白琵鷺之間，跨越物種的繁殖行為。在臺灣，類似這種跨越物種的繁殖現象，在某些特定區域倒是不難發現到，如「烏頭翁」和「白頭翁」的雜交繁殖便時有所聞。不過，二種琵鷺之間的配對繁殖行為，對於持續追蹤記錄黑面琵鷺這麼久時間的我們，倒是首次聽聞和親身觀察記錄，就在此刻，一路舟車勞頓的辛苦與疲累，頃刻間都暫時拋卻九霄，取而代之的是無比的激動與亢奮。

　　清晨5點，朴鍾鶴先生開車載著我們從江華島回到仁川港碼頭，與李起燮博士（Kisup Lee, PhD.）和朝鮮日報的朴記者約好在碼頭碰面，我們計畫搭乘第一班開往「長峰島」（Changbongdo）的渡輪，這是一艘很大而且熱門的渡輪，船艙裡和甲板上充滿了前往長峰島遊憩和渡假的遊客。我們將隨行的車輛停妥在下層的船艙，與其他車輛摩肩接踵並排靠在一起。船程約一個多小時，黑琵先生坐在客艙裡休息，我則拿著小相機在甲板上閒晃，記錄著海島、擦身的漁船，遼闊的海洋及環境；在船尾，不少遊客以類似「蝦味鮮」的小零嘴，和成群尾隨著渡輪飛行的黑尾鷗，玩拋接的餵食遊戲，我則難得悠閒且隨性的拍攝著人們和海鷗之間的有趣互動。

01

02

01 雍容華貴的繁殖飾羽，是鳥類的擇偶條件之一。　02 黑琵的巢位較黑尾鷗大，以樹枝堆疊成平臺，再以乾草為巢襯。　119

到了長峰島，我們開車穿過島嶼，直接到了另一個小型的漁船碼頭，再轉搭漁船出海到西晚島。漁船在海面上迂迴繞行了幾座小島和險礁之後，我們將在一大片礫石海岸進行搶灘登陸，當漁船還未靠岸之前，負責第一線警戒任務的蠣鷸，就已經從礫石海岸的巢區升空攔截，繞著入侵的漁船嗶、嗶、嗶、嗶～不斷鳴叫。就在我們登陸西晚島之際，頭頂又立刻被滿天的黑尾鷗所包圍，牠們聒噪喧鬧的繞著我們不斷的飛行，更有些作勢飛撲，伴隨著淒厲威嚇叫聲和投擲排泄物的攻擊，一行人的衣帽背包甚至照相器材多紛紛掛彩。事實上，每次從無人島完成拍攝工作之後，全身的腥臭鳥類糞便氣味就成了無可狡辯的鐵證。

01

西晚島的地形略微狹長，但由於漁船並未繞行全島一周，無法窺得全貌。只知道我們上岸的這面海岸丘陵山勢陡峻，礫石海灘形成了緩坡直接與拔起的陡峭山壁相交接，高矮鉅細的各種林木、灌叢與雜草，不規則的或聚或散，生長在黃土混雜著碎石的地表，部分植株甚至隨意攀附在突出的礁岩之上。

黑面琵鷺和黑尾鷗的巢位則遷就於地勢，選擇築在地面稍微和緩的平臺，或是突出岩塊的凹陷平面。差異之處則在黑面琵鷺的巢位佔地面積較大，並以大量細長的樹枝堆疊形成平臺，再鋪以少量乾草作為柔軟的巢襯；黑尾鷗的巢位除了佔地面積窄小，築巢的材料與工法都極其簡陋，僅以枯草圈圍形成一個淺盤形狀便草草了事。

我們朝左離開礫石海灘，沿著海岸線小心翼翼的慢慢前進，再轉經一座突出的壁面之後，錯落在山壁與岩塊之間的黑面琵鷺巢位，隨即在眼前展現。由於順著坡地生長的植株交錯茂密，一時之間無法算計究竟有多少對黑面琵鷺選擇在這個小島繁殖後代。

02

03

其中，最受我們注目的是一對黑面琵鷺與白琵鷺的繁殖配對，依照體型估計，這是由白琵鷺雄鳥與黑面琵鷺雌鳥所組成的混血家庭，而生育的二隻雛鳥因為尚且幼小，無法藉由目測判定究竟遺傳自鳥爸爸多一點還是來自鳥媽媽多一點。

這個混血家庭的鳥巢築在一個突出岩塊的側邊，貼合著微凹的山壁作為地基，再層層堆砌各種粗細的樹枝作為床座，巢邊有一枝幹自山壁向外伸展，這是親鳥護衛巢雛的戒護崗哨。在我們記錄這個巢位的短短幾個小時之間，白琵鷺幾乎都停棲在這個突枝上，非常盡職的驅趕著任何不請自來的鄰居。

事後，我們徵詢了李起燮博士對黑、白琵鷺混種繁殖的看法，得到的答案是這些年來幾乎都有混種配對繁殖的零星紀錄，至於幼鳥的外觀特徵相似於黑或白琵鷺？因為還未以此議題做為研究目標，後續還需更多時間的觀察。

2013年6月，黑琵先生和我再度來到了韓國，記錄臺灣、南韓和日本跨國性的黑面琵鷺繫放與研究，研究團隊在江華島的「淑女岩」（Gaksiam）採集到了二隻黑、白琵鷺混種繁殖的幼鳥，除了量測基本數據與抽血檢驗DNA之外，並分別為這二隻幼鳥繫上S47及S48的腳環，希望藉由持續追蹤調查，有助於日後解開黑面琵鷺與白琵鷺混種繁殖的相關謎團。

01

02

03

南韓｜淑女岩

陽光、空氣與水，是地球生命存在的三大要素。而潮汐，則是大自然偉大且神秘的力量，浩瀚的海洋受到月球引力牽引，每日二次起落，這週期性的潮汐脈動，也催生了地球上無數的獨特生命。

有些學者更提出一個獨特的見解，認為地球因為與月球之間的適當引力牽引，形成週期性的起伏動能，這股能量，恰是在遠古世紀催生地球生命自海洋孕育演化的原肇契機。

潮汐，深深影響著海洋生物的發展與生息，生活在潮間帶的眾多生命，其作息更與海潮的漲退息息相關。因為潮汐，我們一度與「淑女岩」的貼近拍攝計畫失之交臂。

淑女岩（Gaksiam）是座落在南韓江華島近岸的一座小型島礁，由於所處的區域潮差相當明顯，漲潮時淑女岩被廣闊的海水所圈圍，猶如不著邊際的滄海孤島；但海水退盡的乾潮時刻，淑女岩卻頃刻之間成了綿延數里的濕軟泥灘中，鶴立地表的狹長礁石岩塊。

潮水退去之後顯露出的濕軟泥灘，充滿了被海水洩流時所切割沖刷形成的潮溝和泥池，來不及跟隨海水撤退而擱淺的魚蝦等生物，就成了虎視眈眈的鷸科、鴴科、鷗科與鷺科等趕潮的水鳥，嘴到擒來的「甕中之鱉」，黑面琵鷺也往往在退潮時刻，混入這群饕客大隊之中大快朵頤。

在淑女岩上繁殖的黑面琵鷺數量並不算多，每年僅約十對在礁岩上築巢，不過一些沒有完成配對繁殖的成鳥和亞成鳥，也會選擇棲息在淑女岩上，可能是為了方便就近在潮間帶覓食。在「江華郡」周邊島嶼繁殖的黑面琵鷺幼鳥離巢之後，也會跟隨親鳥飛到淑女岩與附近的大小岩塊棲息和覓食，數量最多時往往超過200隻。

2011年6月，李起燮博士原本安排我們在夜裡趁著漲潮，搭乘平底船貼近淑女岩，退潮之後讓小船擱淺在泥灘，我們就在船上過夜等到隔日天亮再進行拍攝，直到漲潮漁船獲得浮力時再行離開。但我們擔心天候不佳恐遇風雨襲擊，以及沒有攜帶足夠的禦寒衣物，而且在擱淺的漁船上拍攝機動性不佳等種種考量，最後只好放棄淑女岩的拍攝計畫。

2013年6月，經過了2年的醞釀，隨著王穎教授、李起燮博士、日本的小池裕子教授等跨國繫放研究團隊，我們終於再次來到淑女岩，同行的還有台江國家公園管理處的蔡金助先生和社團法人臺南市野鳥學會的郭東輝總幹事，以及臺灣與南韓的研究助理們。由於人數較多，我們搭乘二艘漁船，徐徐的靠近淑女岩，小漁船搭載研究人員登島記錄環境與採集幼鳥，再回到較大的漁船上進行量測、採血、圈繫腳環和裝置衛星發報器。我和黑琵先生為避免干擾小島生態則留在大船上，除了全程記錄研究繫放的過程，也讓親近淑女岩的夙願得償。

01

02

03

01 棲息於淑女岩與附近海面礁石的黑琵，數量最多時往往超過200隻。　02 清晨，研究團隊準備登船前往淑女岩。　03 跨國合作的繫放研究計劃。

南韓｜Y島／G島

Y島，歷經了南北韓數度海事戰役和砲擊事件，也見證了兩大對立強權的軍事與政治角力，Y島的周邊無人小島，因為雙方勢力的相互牽制，反倒成了眾多水鳥夾縫中生存的繁殖樂園。

2013年6月底，透過李起燮博士向管理當局提出申請與安排，由朴鍾鶴先生帶領黑琵先生和我前往一個黑面琵鷺繁殖的無人島進行觀察與記錄工作。不過這應該算是一個臨時決定的行程，因為我們剛結束了由鄭雲會先生所安排的黑面琵鷺拍攝計畫，並為了銜接一個星期之後，由臺灣王穎教授、韓國李起燮博士與日本小池裕子教授所組成的跨國黑面琵鷺繫放研究團隊，研究繫放過程的完整記錄工作，特別商請李起燮博士幫忙安排其他黑琵繁殖區的拍攝行程，本來以為只是填補空檔時間的隨性安排，因此並沒有對拍攝結果抱持著特別期待。

第一天，朴鍾鶴先生開車帶著我們在江華島周邊的一個小離島，可能出現黑面琵鷺覓食的稻田區域裡來回搜尋，幾個小時下來卻只有找到4、5隻黑琵覓食後在田埂上停歇休息的個體，朴先生認為可能是因為目前黑面琵鷺正處於臥巢孵卵階段，所以沒有大量覓食以填飽幼雛胃口的需求，但隨著雛鳥孵化之後，親鳥離開巢區到稻田或是潮間帶覓食的頻率就會大幅度增加了。

下午3點左右，朴先生載著我們風塵僕僕的離開了江華島，說是明天將安排我們到另一個島嶼去看看。花費了2小時車程回到仁川港周邊，並將我們安置在一間價格合理的旅館裡過夜後，表示一起吃過晚餐後將立即趕回首爾，因為早上出門時並沒有做好在外過夜的準備，是因為在江華島的鳥況不如預期，所以和李起燮博士商量之後，臨時決定帶我們到另一個鳥況不錯的島嶼看看。黑琵先生和我都對年邁的朴先生將拖著疲憊的身軀，單獨返回首爾感到擔心與過意不去，但他的心意堅決，所以我們就沒有多做挽留，希望他一路平安順利。

隔天早上9點，朴鍾鶴先生又精神奕奕的出現在我們的面前，帶領我們到仁川港旅遊中心搭乘往返於Y島的交通船。在候船室購票、排隊等候上船的時候，我觀察發現前往Y島的乘客主要是島上的居民、駐軍和一些穿著時髦的年輕女孩們。黑琵先生和我將護照交給朴先生，做為購買船票的查驗證件，而且登上交通船時又再次被要求核對護照與船票，更加深了我們即將前往未知地域的緊張氛圍。歷經2.5小時的船程，我們終於抵達了Y島，直到目睹等候在碼頭上，身著筆挺帥氣軍服的年輕軍士才明白，原來這些女孩們是到島上會見因為勤務不克休假的男朋友。

Y島，外觀看似一個平凡的小漁村，但由於地處兩權相爭的重要戰略位置，因此島上隱匿著大量的軍事設施與駐軍。眼前景況讓人難以想像在北韓發動砲擊之前，Y島是大量遊客休閒踏青與海釣的熱門觀光景點。此刻，我們一行人的龐大攝影裝備，卻也引來不少當地人投以側目的好奇眼光。

一步出碼頭，民宿主人金先生已經在停車場等候了，我們將行李和攝影器材堆置進廂型車之中，回到民宿和安置好行李之後，當下就決定要把握時間，立即出海登上無人小島，記錄黑面琵鷺在這裡的繁殖狀況。我和黑琵先生極其興奮的準備著即將登場的攝影裝備，面對未知的陌生環境，我們深怕錯過每一個可能的場景，因此儘可能鉅細靡遺的塞滿了各式器材進入大小背包裡，不過朴鍾鶴先生卻顯得一付氣定神閒的模樣，只見他拎著一只小小的攝影斜背包，並拿出一臺輕便型的類單眼相機告訴我們：由於年紀漸長已經背不動沉重的相機和長鏡頭了，只好改以這類輕便相機當做記錄的工具。

在金先生家吃過簡單的韓式家常午餐之後，便由金先生開車載我們到管理碼頭安檢的海防管制站辦理出海的核可，由於我和黑琵先生是外國人，所以管制站員警詳細的核對了我們的護照、出海人員的名

01

02

03

01 Y島森嚴的軍事設施,讓我們感受到緊張的戰地氛圍。　02 南北韓的軍事對峙下,G島意外成為黑琵的繁殖樂園。　03 滿天飛舞的黑尾鷗見證了G島蓬勃的生命力。

單，以及朴先生幫我們提出申請登上無人島的公文。朴鍾鶴先生陪同金先生面對員警展開積極交涉，但由於聽不懂韓文所以並不清楚審核的進度，直覺上好像並不是十分順利。隨著時間一分一秒的流逝，黑琵先生和我此刻的心情是期望、淡定、猜測、焦慮、不安……可說是五味雜陳。在經過二十分鐘或更久的時間，總算露出肯定的表情走了出來，雖然不清楚交涉的過程，但總算通過核准，可以出海登島了。

據了解，我們將前往的無人小島，位於Y島的周邊，而黑面琵鷺在島上繁殖的消息，迄今僅有少數人知道。由於近年來有人在小島上放養羊群，啃噬破壞了原來黃嘴白鷺賴以繁殖的茂密低矮灌叢林，也使黑面琵鷺群體從先前的250對減少到約150對，而黃嘴白鷺更另覓他處，不再回到這個小島來繁殖。我們擔心這個小島的黑面琵鷺繁殖消息走漏，引來更多人登島造成過度干擾，因此決定將這個小島代名為G島（G Island）。

金先生駕駛著小漁船大約行駛了30分鐘，途中繞行過幾座大大小小的險礁，朝向一座無人島筆直前進，我和黑琵先生四目交接沈默示意，千里追尋的黑面琵鷺在這北方國度養兒育女的繁殖地就近在咫尺。漁船緩緩駛近小島東岸的岩棚裙礁，此處坡度平緩而且佈滿了因為海浪長年淘洗磨淬，形成光澤圓潤的大小卵石，我們一行三人依序魚貫前行至船頭，趕在浪起沒岸之前的短暫空檔躍下礫石灘，並以傳遞交接的方式，將大量的攝影器材與掩蔽帳、飲用水等物品放到乾燥的岸上。

朴先生表示，島上散佈了很多炮彈的殘骸，要我們小心謹慎的踏出每一個腳步，這讓我們心中燃起了一股莫名的恐懼，深怕一不小心誤觸未爆彈傷己傷人。其實，早在這次行程的行前規劃時，有一些朋友就建議我，不要穿著迷彩軍服到非武裝軍事區（DMZ），以免引起雙方駐軍的注目和臆測，我原先還不太相信，現今果真深陷在這個緊張的氛圍之中。

G島地形略呈南北狹長，我們依著山勢朝西北方向前進，坡度約在30度～45度之間，部分地勢更將近60度。由於揹負了沉重的攝影器材、腳架、掩蔽帳篷和飲用水，所以約僅五百公尺的路程，竟如同五公里般艱辛。一行人之中年紀最長的朴鍾鶴先生由於簡易輕裝所以步履略顯輕鬆，但是背負著重裝備的黑琵先生由於2年前大腸癌開刀之後，體力便已經大不如前，我不由得掛心懸念頻頻回頭，只見黑琵先生臉色慘白上氣不接下氣，但依舊緊咬牙根努力跟上腳步。

沿途，我們小心的踏出每一步，因為遍地都是黑尾鷗的鳥巢，這些看似沒有任何章法的鳥巢，或聚或散幾乎佔據了整片坡地，有的巢裡尚且靜靜的躺著幾顆蛋，有些則像是使用過的舊巢，已鳥去巢空。這也難怪，半早成性的黑尾鷗幼鳥，在孵化不久後就能踏著踉蹌不穩的腳步離開巢位，藉著良好的保護色尋求環境庇護。所以我們並不擔心身旁如同小老鼠般猥瑣亂竄的灰褐色幼鳥，怕的是氣喘吁吁、累眼昏花，不小心踩到趴伏在枯草、礫石堆之中，保護色與環境融為一體的幼小傢伙。

當山頂就在眼前，正準備翻越稜線時，突然被眼前的景象震懾住了！三、四十隻黑面琵鷺正站在我們面前，隱約感受到牠們散發出無比堅毅捍衛疆域的決心，昂首挺胸毫無畏懼的群聚在不到十米的距離之外，凝視著我們這些入侵的不速之客。這是何其震撼的場面！是在臺灣甚至其他度冬或繁殖區域都不曾有過的親身體驗。

我們在不影響黑面琵鷺正常作息的地點迅速搭建好迷彩掩蔽帳篷，並馬上就定位開始進行觀察和拍攝作業，由於倍受野鳥畏懼警戒的人類形體得到了適當的遮掩，黑面琵鷺開始回復平常不為人所知的各種自然行為。

01 被黑尾鷗排泄物波及，像極了國劇中的小丑臉譜。　02 藉由搭設掩蔽帳，減少對繁殖鳥類的干擾。　03 朴鍾鶴先生與黑琵先生。

躲藏在掩蔽帳裡，透過近距離的安靜觀察，除了可以鉅細靡遺的端詳黑面琵鷺外觀的細部構造，更可以看到牠們配偶之間協力共築愛巢、親密互動，或是親暱的交配行為；然而，就如同其他鳥類一般，比鄰而居的黑琵之間也會發生一些有趣的互動或是火爆衝突。事實上，看似憨厚可愛的黑面琵鷺，時常為了爭奪主權，甚或只是與鄰居互看不順眼，而發生極其激烈且持久的叫囂爭執，甚或大打出手，其他更不用說是諸如調皮搗蛋、竊取巢材，甚至在鄰居面前故意將其巢卵以嘴喙撥落到山谷的惡意舉動。

縱使已經是6月下旬了，但北國的寒氣尚未完全退盡，島上景緻依舊略顯蕭瑟，在這裡黑面琵鷺的築巢材料除了一些細碎枯枝之外，出人意料之外的是大量啣咬枯黃長草，作為牠們窩巢的外牆與內襯材料，這與我們觀察到其他繁殖巢區僅使用枯枝當做巢材的現象明顯不同。在G島上，為數不少的巢裡都觀察到四顆鳥蛋，這也顛覆了我們慣常以為黑面琵鷺一巢只產下2～3顆蛋的刻板印象。

因為法律的規定，天色轉暗便不得再滯留海上，因此金船長要我們準時四點上船返回Y島，面對眼前的繁殖盛況，儘管心裡有多麼不情願，還是得匆匆下山，以免造成諸多不必要的困擾。還好，隔日我們將有整天的時間停留在島上，繼續進行這個難得的近身記錄工作。

回到Y島的當下適逢退潮，在民宿前面的小漁港顯露出綿延的泥灘，看著幾隻黑面琵鷺就在退潮後，遭海水沖刷形成的淺溝裡覓食。顧不得剛登上陸岸尚且疲憊的身軀，黑琵先生和我匆匆架起了器材，各自尋找偏好的拍攝角度，深怕眼前置身在蜿蜒泥溝裡覓食的黑琵，就在一不留神的懈怠累眼中偷偷溜走。

緯度較高地區的夏季暮色似乎來得較晚，加上韓國提早了臺灣一個小時的時差，縱使時間已經到了午後將近8點，天色卻依舊清透明亮，直到朴鍾鶴先生至漁船碼頭催促我們晚餐時刻已到，這才驚覺時

間並沒有因為我們的專注工作而因此凍結。

在金船長家的餐桌上，朴先生介紹我們認識了一位新朋友，Mr. Bok, Jin Oh是一位專業的生態紀錄片導演，受KBS（韓國放送公社，又稱韓國廣播公司）的委託進行黑面琵鷺影片的攝製作業，所以這段時間很密集在G島上進行黑面琵鷺的繁殖拍攝紀錄。閒聊中才解開謎團，原來G島海岸旁邊的碟石平臺上，有一座軍綠色屋型帳篷就是Mr.Bok所架設，他除了需要為攝影設備充電才會返回Y島夜宿，拍片期間就以這間帳篷作為棲身場所，藉由乾糧、麵條和瓶裝飲用水作為三餐的飲食來源。

從事影像拍攝工作的人都知道，一張令人驚豔的優秀作品，除了構圖佈局、決定性的瞬間和創作者想要表達的意涵之外，光影可以讓一張作品具有靈魂。黑琵先生和我也都非常渴望能在G島上夜宿，如此就可以充分利用破曉微亮的色調或是夕暮璀璨的光影，為黑面琵鷺和大地的容顏增添瑰麗的色彩，不過這只是一個奢侈的夢想，在此敏感的戰地，外國人的行動或有諸多限制。

第2天，5點半起床後，我開窗向外看望，東方的天空由晦暗轉為魚肚白，待到漁船啟航時，天空已是絢爛七彩的霞光，最後轉亮至不可直視的耀眼光芒時，我們這才登上島嶼，未能及時拍到瑰麗彩霞之下的黑面琵鷺，是這趟行程的最大遺憾。

G島上黑面琵鷺繁殖的狀況比我們最初的預期更加理想，可以近身觀察拍攝，以及背景環境構圖的靈活取捨，並涵蓋了黑面琵鷺從築巢、交配、孵卵、育雛等各個繁殖階段的豐富素材，都是我們在G島此行最大的收獲。黑琵先生甚至表示，從未見過黑面琵鷺繁殖區像G島這樣，極高密度的巢一窩窩緊鄰挨著，堆壘巢材築在地上的狀況，就像我們印象中的傳統雞鴨養殖場。黑琵先生更打趣的形容說：「這裡感覺就像黑面琵鷺養殖場」，還真是耐人尋味。

上圖 雛鳥在親鳥的細心呵護下，日益茁壯。

01

02

左圖 黑琵緊緊相依的巢位，黑琵先生戲稱為養殖場。　 133
01 銜咬乾草做為巢襯材料。　 02 由離巢的幼鳥聚集而成幼兒集團。

南韓｜濟州島

自古以來，人類隨著人口暴增與活動範圍不斷擴充，以拓荒開墾、營建居所、休閒遊憩、經濟開發……等各種名目擴展領域，不論是填海造陸、或是剷平山林，人類以各種手段積極向大自然爭地，亮麗的經濟成長數據背後，其實是犧牲很多大自然資源所換取的。

欲求不滿，似乎是大部分人類的通病，古今中外皆然。

2014年6月，鄭雲會先生帶我們來到韓國仁川港區周邊，眼前無數重型機具與運輸車輛，正熙來攘往忙著填土整地，這裡原本是廣闊的低窪濕地，是漲潮後水鳥從潮間帶上岸休息之處，也是黑嘴鷗、小燕鷗與蠣鷸的繁殖基地，更是黑面琵鷺幼鳥離開巢區後，隨著親鳥在仁川海岸廣大泥灘地，練習覓食與群聚棲息的重要區域。鄭先生告訴我們，這些已經完成規劃或正在動工的區域，包括二個大型新市鎮和仁川機場的跑道擴建工程。無獨有偶，這類土地開發計畫案也發生在以觀光、渡假而聞名遐邇的濟州島上。

幾乎所有賞鳥人士都知道，黑面琵鷺已知的最大繁殖區位於南北韓的交界地帶，但是較少人知道韓國在冬天，其實也住著一群黑面琵鷺沒有離開，每年約有二十幾隻黑琵停留在濟州島城山埔（Seongsan Po）的Ojori Bay和Hadori的魚塘，牠們往來於這2個濕地之間以度過冬季。不過城山埔當地政府卻無視於黑面琵鷺等瀕危鳥禽棲息的事實，不顧保育團體與觀鳥民眾的建言與反對，執意允許一家旅遊諮詢開發公司，在Ojori Bay進行一項綜合旅遊開發計畫，該公司打算徵收海灣闢建海洋渡假酒店，以及快艇競速場所等設施。

2003年，因擔心濟州島重要的野生動物棲息地遭受到破壞，NGO保育社團「JWRC 濟州野生動物研究中心」（Jeju Wildlife Research Center）成立，直到2007年研究中心已經陸續完成了多個專業領域的基礎調查，包括濟州島的鳥類、哺乳類、昆蟲類、爬蟲類、兩棲類動物和植物相結合的研究，他們的共同目標是保護棲息在濟州島的所有野生動物。

同樣在2003年，韓國環境運動聯盟（KFEM）在濟州島召開年會，並且廣泛邀請包括臺灣、日本、香港、中國大陸和南韓等專家學者，舉辦黑面琵鷺國際研討會議。黑琵先生、林本初先生、黃俊賢先生及黃昆哲先生等4人則代表「黑琵家族野鳥學會」，受到金守一博士（Kim Sooil, PhD.）的邀請出席了這個會議，也藉由這次會議的機會，黑琵先生認識了姜昌完（Mr. Kang Chang Wan）、金銀美（Mrs. Kim Eun Mi）、康熙滿（Mr. Kang Hee Man）及池南俊（Mr. Ji Nam Joon）等四位JWRC的重要幹部，也許是因為理念契合，或同樣具有南方人（濟州島在朝鮮半島的最南端）共通的豪邁性格，4人對待朋友真誠又熱情，也曾在後續數度至臺南造訪老朋友和黑面琵鷺。

濟州島是一個以發展觀光旅遊而聞名的火山島，島上風景優美氣候宜人，也因為位處朝鮮半島最南端的樞紐地帶，因此冬天或候鳥過境期間，吸引了不少野鳥停留棲息或覓食。然而島上的地質幾乎都被黝黑堅硬的火山岩所披覆，唯有位於濟州島東北方的Ojori和Hadori等兩處濕地，因為底層是鬆軟適中的泥質淺灘，有利於黑面琵鷺以掃動嘴喙的方式進行覓食，所以這2個濕地在濟州島才顯得更加重要。

「今日鳥類、明日人類」，保育黑面琵鷺等瀕危物種已到了刻不容緩的地步，而保護野生動物更重要的是要保護牠們的棲息環境，今日鳥類所面臨的各種生存困境，不久的將來，人類也勢必將遭受到同樣的處境。正因為這些候鳥來去自如沒有國界的限定，因此遷徙性鳥類的保護更應該是全體人類共同的責任，雖然藉由跨國性研究與保育的合作計畫，黑面琵鷺族群數量已經得到10倍的成長，但是維護生物與棲地的多樣性，才是長長久久的終極目標。

01 黑琵先生與濟州島的工作夥伴在濕地邊緣進行拍攝工作。　02 濟州島為堅硬的火山岩所披覆，風景優美氣候宜人。 |
03 每年約有二十幾隻黑琵停留在城山浦地區度冬。　04 對生物友善的自然環境總擺脫不了人類開發的宿命。

日本｜福岡縣

居住在熱帶的人民，很難體會野鳥如何在寒冷的雪地裡求生存，雖然大部分候鳥在北風開始徐徐吹拂的秋天，就開始展開旅程朝向溫暖的南方遷徙，但仍有少數留棲型野鳥長住在相較於極地或寒帶區域更為溫暖的溫帶地區，也有部分遷徙性候鳥度冬區域的緯度比較高。好處是較短的飛行距離可以減少體力負擔，及避免長時間越洋旅行所增加的風險，當然，隆冬時節可能面臨的幾場風雪則是牠們需要付出的代價。

由於鳥類織密的羽毛具有防水、防風及保暖的優良絕緣特性，因此我猜測鳥類向南遷徙應該不只是因為天候的因素，被冰雪封凍的極地、寒帶所缺乏的維生食物才是鳥類遷徙的最大動機。目前世界上已知的黑面琵鷺繁殖地，是位於北黃海的朝鮮半島及大陸遼東半島，最遠可達俄羅斯海參崴彼得大帝灣的無人小島。冬天牠們向南遷徙至臺灣、福建、廣東、香港、海南島、越南，甚至出現過更南的菲律賓、泰國等地區，不過卻有部分群體選擇在距離繁殖區不算太遙遠的南韓濟州島及日本九州地區度冬。

黑琵先生為了探究這些選擇在溫帶地區度冬的黑面琵鷺，生態行為與臺灣或其他熱帶地區度冬的同類有何異同，自2005年開始就總是盡力從一向拮据的旅費中保留部分經費前往日本福岡，但由於語言和地理環境不熟悉，在日本期間端賴日本黑面琵鷺保育網（Japan Black-faced Spoonbill Network）的松本悟先生（Mr.Satoru Matsumoto）及日本野鳥の會熊本縣支部長高野茂樹先生（Mr. Shigeki Takano）的幫忙，才能達成一次又一次的任務。

2003年，黑琵先生受南韓的黑面琵鷺之父金守一博士（Kim Sooil, PhD.）邀請，參加黑面琵鷺國際研討會議，席間黑琵先生首次與松本悟先生認識，會後更因為黑面琵鷺的保育議題持續保持聯繫。

2008年，福岡博多灣（福岡灣）人工島的黑面琵鷺度冬棲息地面臨開發計畫，當時擔任日本福岡濕地聯盟主席的松本悟先生，發起了國際性網路連署對福岡市政府請願，希望能夠保留人工島的黑面琵鷺棲地。松本悟先生知道臺南七股曾文溪口原本規劃七輕和大煉鋼廠的開發計畫，因為人民對保留黑面琵鷺度冬棲息地的意志抗爭了10幾年，終於使政府打消了開發的念頭並劃設了黑面琵鷺保護區。基於黑琵先生長時間投入對黑面琵鷺的關懷和熱情，於是從日本遠道來臺南親自邀請黑琵先生，前往福岡向市政廳的官員說明臺灣這起瀕危鳥類保育重於經濟開發的成功案例。

由於博多灣（福岡灣）人工島填湖的工程迫在眉睫，黑琵先生偕同張培鈺先生於同年11月啟程前往福岡，接連召開了2場專題演講並獲得了會員與市民的熱烈回響，經由安排前往市政廳對監督開發案的政府官員說明，並且遞交國際請願連署書。也許是各方奮鬥獲得的回報，市政廳終止了原本預計在2009年9月對人工湖的填土計畫，更將原本8.3公頃的濕地規模擴大成為12公頃的濕地公園。

黑面琵鷺除了棲息在博多灣人工島的濕地公園，福岡市的今津干潟、和白干潟、今宿地區的河道及多多良川河口等地都有黑面琵鷺覓食棲息。黑琵先生描述在今宿橋一帶河道觀察黑面琵鷺棲息的情況：「一早松本悟先生載著我們就近在市區今宿河道一帶觀察黑面琵鷺的蹤跡，緊鄰著住宅建築的河道兩旁已經有居民早起跑步和行走運動，而黑面琵鷺卻完全不懼怕人類的活動，依然在淺水河道和沙洲上悠閒自在的覓食與休息。一位徐徐而行的老婦人緩步走在河道邊，突然停下腳步，對著棲停在沙洲上距離僅僅3到5公尺的黑面琵鷺彎腰輕聲道早安，接著老婦人繼續走著而黑琵依然停在原處絲毫沒有受到驚擾，這一幕讓我覺得非常感動，原來人鳥之間也可以如此自然和諧，

01

02

03

04

01 在臺灣無緣親睹黑面琵鷺置身於皚皚白雪中的優美景緻。　02 今宿河道與人類社區緊鄰，黑琵卻不受居民活動干擾。　│　137

03 松本悟先生與黑琵先生因致力於黑琵保育而結成好友。　04 黑琵先生應邀赴日聲援保留博多灣人工島。

雖然沒來得及將這個溫馨的畫面拍到相機當中，不過這個令人動容的一刻卻永永遠遠的銘印在內心深處。」

黑琵先生多次進出日本，其實最想記錄到的是黑面琵鷺置身在皚皚白雪之中的畫面，一方面可以藉此區別出環境的差異，另一方面則在觀察不同氣候條件下黑面琵鷺的生態行為。但因九州位於日本南方，每年最多只有下2至3場雪的機會，所以根本就是可遇不可求，不過有志者事竟成，黑琵先生在這10年來總共與黑面琵鷺有過2次在雪地裡邂逅的機緣。

2012年2月，松本悟先生來信說日本氣象廳預告了一周後北九州將有機會降雪，於是當時正在攝製「風中旅者—黑面琵鷺」紀錄片的梁皆得導演，剛好陪同黑琵先生一起前往福岡。當班機於夜間抵達，2人完成入境手續，就在步出航站大廈的同時，映入眼簾的景緻讓2人既興奮又難以置信，因為天空果真正在飄降瑞雪。就在松本悟先生的接送與妥善安置之後，2人入住飯店整理就緒打算明日一早大展身手，不過也許是興奮到睡不著，或可能是擔憂明日天氣開始放晴，黑琵先生整晚輾轉反側無法成眠。

隔天一大早出門時，所幸老天還是給于相當大的支持，由於冷氣團持續發威，加上充足的水氣使得清晨開始天空便不斷飄降新雪。松本悟先生驅車載著2人趕往今津干潟，希望能夠看到棲息在沙洲蘆葦叢裡的黑面琵鷺，由於刻正飄雪路面溼滑，加以天空灰暗視線欠佳，車子只能以安全的速度平穩前進。

當車子抵達福岡灣的時候依然飄著雪，眼前寬闊的福岡灣海岸線總長度約128公里，海灣面積約134平方公里，是候鳥行經朝鮮半島和南庫頁島二條重要遷徙路線的交會點，今津干潟則是瑞梅寺川銜接至福岡海灣的河口潮間帶，主要由瑞梅寺川所夾帶的泥砂堆積形成，也是福岡灣裡重要的水鳥棲息地，並因黑面琵鷺穩定棲息而聞名。河口中茂密的蘆葦叢以穩固根系抓住濕軟的泥沙，在泥濘的潮間帶中淤積形成沙洲，每當海水漲潮淹沒濕地之際，沙洲就成了水鳥安全的休息站。

柔白的雪花像柳絮一般輕緩的飄降而下，十幾隻黑面琵鷺蜷縮著頭頸，聚集在蘆葦叢背風處躲避撲面的風雪，一旁的蒼鷺則如同衛兵般，不時抬頭警戒張望監視著周遭。黑琵先生和梁皆得導演火速架設好攝影器材，各自找尋理想角度與唯美畫面，此刻黑面琵鷺皎潔的羽翼融入白皚皚的雪地風霜，襯顯在搖曳的蘆葦莖稈和紛紛飄落的吹雪之中。

日本│熊本縣

自2003年至2013年之間，根據全球普查的統計資料，日本國內的黑面琵鷺族群分布數量，歷年來皆以熊本縣和福岡縣境內的總和競逐第一名。熊本縣位於九州中部，縣境之內著名的球磨川河口、前川河口、鏡川河口、白川河口及永川河口等濕地都是黑面琵鷺的重要度冬棲息地。

其中球磨川位於熊本縣南部，是球磨川水系的主要幹流，屬於日本的一級河川，更名列日本三大激流之一。球磨川與南川、前川匯集進入八代海域，並在匯流處形成一個寬廣的三角洲，大約30隻黑面琵鷺就分散在這幾個河口濕地覓食與休息。

相較於球磨川水系的壯闊，同樣是注入八代海的「鏡川河道」就顯得短小而纖細，鏡川河口約有十餘隻黑面琵鷺棲息，就因為河道規模不大，相對的就較容易親近觀察。抵達鏡川河口時因適逢漲潮，黑面琵鷺紛紛自附近即將遭到海水吞沒的潮間帶飛回河口，堤防邊河道水域有一座長約30公尺的大型鋼質桁架，被橘紅色大型浮筒所支撐固定在水面上，桁架的橫向鋼樑分為上下二層，上下樑架之間以規則的斜撐固定，桁架上方鋪設平坦鋼板，猜測其應是浮動的工作平臺。

分批飛來的黑面琵鷺棲降在上、下二層橫樑上方，整理羽翼、互相嬉戲到最後縮起頭頸安穩休息。堤岸旁整齊羅列著數艘小型漁船，漁民在岸邊及漁船上走動、整理漁具，偶而激濺起水花挾帶著引擎嘶吼的船艇穿越過河道，然而黑面琵鷺全然不受影響的在這隨著潮水起伏宛如孤島般，遺世而獨立的平臺之上猶自安穩休憩。

隨著潮水逐漸退去，黑面琵鷺自飛越而過的水鳥群噪動叫聲中醒來，牠們伸展著羽翼，有部分個體準備再度飛離平臺，到附近的河道、沙洲和潮間帶等淺水濕地中尋找退潮後走避不及的新鮮漁獲。

利用嘴喙裡側敏銳的觸覺神經在混濁軟爛泥漿中覓食的黑面琵鷺，十足是個機會主義的掠食者，不論是小魚、小蝦、彈塗魚、小型螺貝、頭足類或小型螃蟹等，都是牠們覓食的對象。鏡川河口在西南方堤防內側有一處大型的積水池沼，這是名為「八代市鏡支所鏡町北新地排水機場」的排水沈澱淨化池，由南北二座水閘門控制與八代海相通，黑面琵鷺在退潮之後也經常成群到池沼的淺水區域進行覓食。

黑琵先生在此拍攝到黑面琵鷺獵食螃蟹的有趣畫面，牠們以扁平嘴喙在混濁泥水中左右掃動，當牠們捕捉到小型魚、蝦、螃蟹時會立即順勢將獵物呈弧線拋到空中，接著張開大口吞嚥食物；但是當捕獲到的獵物是手腳崢嶸、奮力抵抗的中型螃蟹時，黑面琵鷺就無法順利直接吞食，此時牠們會將螃蟹帶到無水的地面，先猛力甩動搖晃琵嘴使螃蟹的大螯與步足脫落再行吞嚥。黑面琵鷺與所有鳥類一樣，沒有利於咀嚼的牙齒構造，因此對任何食物皆以囫圇吞嚥的方式處理，而魚、蝦和螃蟹等具有堅硬鈣質骨頭以及幾丁質外殼勢必無法順利消化，所以黑面琵鷺同樣是以壓縮成團狀的食蘭形式再行吐出。

01
02
03
04

01 漲潮後，黑琵自各覓食區聚集至河海交界的沙洲。　02 漲潮時，覓食不易，先休息打盹。　03 在堤防邊鋼質桁架上安穩休憩的黑琵。　04 黑琵捕食螃蟹。　│

日本鹿兒島

日本｜鹿兒島

　　九州地區是日本黑面琵鷺度冬的主要棲息地，除了北九州的佐賀，福岡市著名的今津干潟、和白干潟，以及熊本的鏡川河口、球磨川與前川河口；南九州則有宮崎、鹿兒島和琉球群島沖繩等地。2014年1月全球普查的結果，日本境內的黑面琵鷺種群以350隻的數量，首度超越中國大陸339隻及香港252隻，躍居為全球第二。

　　就2013年和2014年全球黑面琵鷺普查的數據做一比較，中國大陸與香港分別減少了24隻以及99隻，而臺灣與日本則分別增加了35隻和73隻，其他國家與地區亦互有消長，不過數量不至於大到影響全球度冬族群的分布。有趣的是，日本相較於中國大陸和香港的黑面琵鷺度冬區域，其地理位置是在更寒冷的北方，沒道理吸引原本習慣於南方度冬的群體，我們只能推測是否因為全球暖化造成黑面琵鷺不再需要大幅度朝南遷徙，但若這樣的推斷成立，那麼臺灣的數量又何以不降反升？又若是因為棲息環境變遷迫使黑琵不得不移居他處，那麼結果應該是離中國大陸、香港比較近的臺灣接收這些出走的鳥群，其族群的分布應與普查結果有所差異。

　　為了探究這個令人費解的特殊現象，我們遂決定親自前往日本一探究竟，剛好2013年12月，鹿兒島霧島錦江灣國立公園的五位朋友：浜本奈鼓先生、下野智美小姐、南尚志先生、小野田剛先生及赤塚隼人先生到臺南參訪時，帶來了高野茂樹先生和松本悟先生的邀請函，原來日本黑面琵鷺聯盟打算在2014年3月在鹿兒島縣舉辦黑面琵鷺國際研討會，我們也就順理成章的將二個旅程結合在一起。

　　就在啟程前往鹿兒島的前夕，我因為家裡的因素無法分身，最後這個行程是由邱明德先生與史俊龍先生陪著黑琵先生出發。國際研討會是在鹿兒島縣始良市，在2天的會議當中黑琵先生對來自臺灣、日本、香港和南韓的專家學者發表演說，分享了記錄全世界黑面琵鷺度冬區與繁殖區的珍貴畫面，接著的3天戶外行程共參訪了包含「別府川河口」、「萬之瀨川河口」等4～5個鹿兒島的重要水鳥棲息地。

　　整個研討會議行程對於黑面琵鷺度冬族群分布，在各國之間的消長現象或多少有所討論，但是並無法以主觀的論斷獲得肯定的答案，畢竟科學研究並非一朝一夕，其客觀的結果端賴長期的數據累積，永遠猜不透的自然規則，也許就是令人為之深深著迷的最大原因吧！

01

02

03

01 在金黃色的蘆葦水影映襯下，黑琵的雪白羽翼格外醒目。　02 黑琵在調整池水泥護岸上休息。　03 在鹿兒島加治木調整池（蓄洪池）休憩的黑琵。

黑琵鷺

面

攝影藝廊

146 甦醒 . 高雄 茄萣 2014.12
　　拂曉前，街燈未熄，大地尚在將醒未醒之際，鳥兒們已甦醒靜立。

上圖　舞者．中國大陸 江蘇 大豐 2013.04
舉手投足，停歇飛翔，無一不美。

左圖　朝陽．中國大陸 江蘇 射陽 2013.04
長程的遷徙飛行後，覓一隱僻之地，在暖暖朝陽下靜靜歇息。

前頁圖　破曉．高雄 茄萣 2013.03
天剛破曉，僻靜的水塘已因著水鳥們的覓食，忙碌擾攘，喧囂一片。

薄霧．日本 八代市 鏡川河口 2008.12
霧還未散去，粉彩畫中的主角們，先別急著醒來……

天光．中國大陸 深圳 2013.01
燈光已打好了，舞臺也布置就緒，在這渾然天成的劇場裡，請盡情發揮……

眺望 · 臺南 土城 2012.12
憑枝眺望,氤氳中,層層魚堤如坡,叢叢紅樹如嶺。

午后 . 日本 福岡 今津干潟 2011.02
午后時光，平波靜影，宜冥想，宜打盹，更宜放空。

攝影藝廊

上圖　搶鏡．臺南 四草 2005.12
我的美，完全不輸黑琵！

左圖　積木．日本 福岡 今津干潟 2012.12
層層疊疊積木般的小屋，是童話世界裡黑琵的家。

翱翔 · 臺南 七股 2012.01
藍天白羽，天際任我翱翔。

野鳥樂園 . 高雄 茄萣 2015.02
半畝水塘，因著天時地利魚和，一方野鳥樂園儼然成型。

草間一隅 ． 金門 烈嶼 2014.01
高草掩護下的一隅，是野鳥們不外傳的覓食水域。

守護 ． 嘉義 布袋 2015.03
卸下警戒，安心地進食。有我守護著，別怕！

鏡像 . 臺南 七股 2015.02
無瑕顧影自戀，只把溫飽放優先。

嘴到擒來．臺南 七股 2014.12
快！狠！準！絕不容失手。

上圖　目標一致 . 高雄 茄茳 2015.03
尖嘴或扁嘴，突刺或攪動，技巧迥異，捕食目的相同。

右圖　連連有魚 . 高雄 茄茳 2015.03
豐饒水澤， 歡欣一片 ，連連有魚 。

拔得頭籌．高雄 茄萣 2015.03
這場捕食競速賽，我贏！

淡定．日本 佐賀 有明海 2013.03
潮起潮落，船來船往，吾心不動。

上圖　桎梏．中國大陸 海南島 2007.03
層層阻隔的網，困住了魚，卻擋不了求魚若渴的鳥。

左圖　綿延．嘉義 鰲鼓 2011.01
定置網如綠色巨龍盤踞，單薄鳥影杳若滄海一粟。

琴鍵．日本 佐賀 有明海 2013.03
猶如鋼琴鍵盤般的黑白鍵，譜出了黑琵的生命之歌。

獨舞．臺南 七股 2015.01
無懈可擊的優雅舞姿，Bravo！

爭佔 . 嘉義 鰲鼓 2011.03
吵鬧不休，爭奪不已，只為贏得高枝站立。

上樹 ． 嘉義 八掌溪 2010.10
得閒上樹，平衡練習，咬枝嬉戲，樂在其中矣。

上圖　蚊擾．臺南 七股 2015.01
晨昏時刻，搖蚊出沒，蚊滿為患，擾人清夢。

右圖　歸隊．臺南 土城 2011.02
異地謀生，汲營疲憊，三兩飛羽，翩翩歸來。

174

上圖　列隊 . 中國大陸 上海 2012.12
葦草橫雜，黑琵直列，姿態各異，趣味橫生。

前頁圖　鷺之群像 . 香港 米埔 2006.11
因何事故？各鷺人馬，集結於此。

與眾不同．臺灣 宜蘭 2014.02
眾鳥皆醒，唯我獨睡。

護佑 . 臺南 頂山 2013. 11
慈悲的神明，守護著大地，護佑著眾生。

奔跑 . 臺南 土城 2013.11
知道你們只是嬉戲，我們旁觀靜立，不動不移。

上圖　灰與白．澳門濕地 2007.03
色塊自然協調，氛圍悠遠寧靜，時間彷彿自洪荒時期暫停。

左圖　起浪．臺南 七股 2013.11
寒流來襲，颼颼冷風，避風的魚塘也濤濤起浪。

上圖　灣澳 . 臺南 頂山 2010 12
紅樹林裡的小灣澳，將我們溫暖環抱。

右圖　獨行 . 日本 琉球 2015.03
合群太久，不妨找個時間一個人走走。

倒影 ． 臺南 四草 2010.03
倒影，讓自然之美形影成雙。

繽紛 . 日本 福岡 今宿河道 2012.02
彩艷的建物看板，幻化成繽紛的水影。

暢快．臺南 七股 2006.12
激濺的水花，沖走一日的疲憊與髒污，暢快！

波及．臺南 七股 2015.01
己之所浴，勿濕於人。

上圖　吉光片羽．臺南 七股 2011.01
夕暮霞光中，翩翩鳥影，飛過……

右圖　頂風．嘉義 布袋 2012.06
狂暴風雨，單薄身軀，無懼！

春雨綿綿 · 韓國 江華島 2004.06
霏霏春雨，喚醒萬物，萌發生機。

依偎．日本 福岡 今津干潟 2012.02
天降瑞雪，氣溫驟降，緊緊依偎，形影不離。

上圖　泊．日本 福岡 今津干潟 2008.12
庇護心靈的小港灣，停靠了輕舟，也泊棲了飛羽。

左圖　殘影．高雄 茄萣 2015.02
時間的洪流，凝結不住渴望飛行的軌跡 。

前頁圖　吹雪．日本 福岡 泉川河口 2012.02
絮白吹雪，漫天飛舞，美哉！北國如夢似幻的雪地風情！

上圖　扶持．臺南 七股 2007.12
因為彼此扶持，讓迢迢旅程不再艱難辛苦。

左圖　羈絆．高雄 茄萣 2014.02
身雖受世俗羈絆，心卻能自在翔翔。

上圖　驚擾．嘉義 布袋 2015.03
白色羽翼，自水岸躍起，何事驚擾？

右圖　蘆芒飛羽．高雄 茄萣 2015.02
蘆草如浪，輕裊白羽，向我飛來。

御風 . 臺南 七股 2008.02
乘風駕馭,壯志凌雲。

上圖　自在 . 中國大陸 福建 2007.03
儘管人蹤近在咫尺，無妨無妨，我們自在如故。

後頁圖　獨腳戲 . 臺南 七股 2008.03
芸芸眾生裡，斷掌的我仍是最閃耀的那顆星。

上圖　色帶．臺南 土城 2014.01
白羽、綠樹與紅磚，自然與人文形成的和諧色帶。

前頁圖　屏風．臺南 四草 2013.03
虯結枯枝如水上屏風，蒼勁有型，還能遮蔽行蹤。

擾人清夢．日本 熊本 鏡川河道 2015.03
暖陽下同伴睡得正香甜，噓！安靜！

兩個世界．高雄 茄萣 2015.03
蘆叢隔絕了兩個世界，其外，人聲喧囂；其內，鳥蹤逍遙。

衝鋒．臺南 四草 2013.03
拍擊羽翼，衝刺騰空，力與美盡顯其中。

上圖　落單 . 中國大陸 江蘇 大豐 2013.04
同伴起飛了，為何執意停留。

左圖　動與靜 . 臺南 七股 2011.03
凝結精彩瞬間，動與靜，張力萬千。

上圖　蜿蜒．日本 琉球 2015.03
藍藍河道蜿蜒，我們歇憩其間。

右圖　T69．高雄 茄萣 2015.03
黑白混血種，雜沓鳥群中，遠望相似，近觀不同。

水色 . 高雄 茄萣 2015.04
淨水映色，平靜無波，鳥影相隨。

金河. 臺南 北門 2011.11
日暮時刻，靜靜的金河緩緩流，此景只應天上有。

上圖　暮色．臺南 七股 2008.03
金色的餘暉，喚醒沈睡的鳥群，恍惚間，不知今夕何夕。

左圖　金邊．南韓 濟州島 2007.02
潑灑自夕暮的華麗光芒，燙熨成金邊的蒼勁水墨。

上圖　落日．嘉義 布袋 2013.01
鹽田水影夕陽斜，草堤露凝野鳥歇。

左圖　暈染．嘉義 布袋 2012.10
紅日暈染，起舞弄影，何似人間。

返航．日本 佐賀 有明海 2015.03
天色漸暗，船隻陸續返航，高臺上，學引水人領船入港……

華燈初上. 高雄 茄萣 2014.12
黑夜與白晝交替，黑琵仍未歇息。

上圖 特寫 . 南韓 G 島 2013.06
特寫琵影，盛裝入鏡。

右圖 欲攝還羞 . 南韓 G 島 2013.06
生性靦腆，鏡頭前，猶以白羽半遮面。

上圖　綠海．南韓 江華島 2011.06
油油綠海，白羽悠遊自在。

左圖　花開．南韓 X島 2015.04
春暖花開，繁殖季節到來。

飛降．南韓 G島 2013.06
自海上歸來，翩翩白羽飛降何處？

蝸居 . 韓國 G島 2013.06
地小鳥稠，一巢難求，鷗鷺相聞，窄如蝸居。

上圖　日暈．南韓　G島 2013.06
薄霧掩翳，歸途蒼茫，心繫巢雛，急返家園。

左圖　盛況．南韓　G島 2013.06
山之巔水之畔，密密巢卵，窩窩相連。

高踞．中國大陸 遼寧 形人坨 2008.07
高踞山崖，遙岑遠目，看盡人間庸碌。

轉輪．南韓　南東工業區人工島 2013.06
尋常滯洪池裡的人造島嶼，卻不尋常地吸引了眾多黑琵來築巢育雛，也見證了生命為自己找到出口的自然奇蹟。

上圖　佳偶．南韓 G 島　2013.06
琴瑟和鳴，佳偶天成。

左圖　追隨．中國大陸 遼寧 元寶島 2013.07
羽翼漸豐，跟隨親鳥振翅騰空。

上圖　天職．中國大陸 遼寧 形人坨 2008.04
飛渡千里而來，只為繁殖後代。

左圖　爭高．南韓 X島 2015.04
怒髮衝冠，吵嚷翅搧，何事起爭端？

化蝶．南韓 G 島 2013.06
梁祝合抱，幻化若蝶。

珍貴一瞬 . 中國大陸 遼寧 形人坨 2008.04
長時間的守候等待，終於捕捉到黑琵生蛋的精彩瞬間。

上圖　理論　. 南韓　G島　2013.06
高聲叫嚷，唇槍舌戰，聒噪粗啞難為聽。

右圖　吻頸之交　. 南韓　G島　2013.06
鳥口眾多，住居稠密，爭執時起。

上圖 護衛 ．南韓 G島 2013.06
G島居大不易，護衛著彈丸之地，不使它遭受侵襲。

左圖 烽火再起．中國大陸 遼寧 元寶島 2011.05
繁殖的緊張焦慮，煙硝味瀰漫四溢，戰火一觸即起。

上圖　手足．中國大陸 遼寧 形人坨 2007.06
十年修得同船渡，百年修得共巢生。

左圖　遮蔭．南韓 G島 2013.06
展翅為傘，為你遮日蔽雨，細心呵護，望你健康茁壯。

上圖　甜蜜的負荷．南韓 G 島 2013.06
殷殷索食的小小身影，是我最沈重也最甜蜜的負荷。

右圖　哺育．南韓 G 島 2013.06
細小的喙探入嘴裡，親鳥用反芻汁液哺育。

上圖　羽翼漸豐 . 南韓 G 島 2013.06
身骨茁壯，羽翼漸豐，仍似幼鳥，向親鳥索食。

右圖　傳承 . 韓國 G 島 2013.06
基因的延續，如同接力棒般傳遞給後代。

異類 . 南韓 G島 2013.06
親愛的，不用懷疑！這真的不是我們的小孩！

示範 . 南韓 G島 2013.06
飛行學校裡，教練示範著如何展翅飛行。

上圖 憧憬 . 南韓 G島 2013.06
登高望遠,引頸鵠候,下一站,南方!

右圖 啟航 . 南韓 隼島 2013.06
羽翼飽滿,等待風起,追隨親鳥,展翅啟航。

252

1848		兩位荷蘭的動物學家C. J. Temminck (1778～1858) and H. Schlegel (1804～1884) 認為這是琵鷺屬之中最小的鳥的意思，以 *Platalea minor* 學名發表在西博爾德(Philipp Franz von Siebold, 1796～1866)所編的《日本動物相，鳥類篇》(Siebold's Fauna Japonica, Aves)，這是當時全世界已知的6種琵鷺之中，命名最晚、體型最小、數量最少且分布範圍最為狹隘的1種。
1863		英國博物學家史溫侯（Robert Swinhoe)於臺北淡水港口邊觀察到似琵鷺的鳥。並在隔年(1864) 在淡水河口取得4隻琵鷺標本，經1907格蘭特及拉圖許(John David Digues La Touche)檢視《大英博物館典藏鳥類目錄》後，認定琵鷺標本為3隻黑面琵鷺及1隻白琵鷺【註1】。
1893		英國人拉圖許(John David Digues La Touche)首次於從臺南安平出發，看到一群似黑面琵鷺的白鳥停在台江內海的北邊，沙洲位置約略在現在四草野生動物保護區（即北汕尾水鳥保護區）。之後在相關的文獻中提到福建沿海地區，每年都可以採集到黑面琵鷺的標本。
1939		日本人須蜂賀正氏(Hachisuka, M.)於臺南博物館鳥類目錄中列載了黑面琵鷺的紀錄。
1951		須蜂賀正氏(Hachisuka, M.)對日本鳥類學家山階芳麿(T. Udagawa.)的書信中提到，從1925～1938年間的每年冬天，他在臺南安平地區均能發現50隻的黑面琵鷺。(參見文獻：Hachisuka, M. and T. Udagawa. 1951. Contributions to the ornithology of Formosa, part II. Quarterly Journal Taiwan Museum, 9: 1～180.)
1974		陳炳煌與顏重威在1月的七股曾文溪口海埔新生地發現43隻的黑面琵鷺停棲【註2】。
1984		臺南縣政府委託臺灣省水利局規畫設計新海堤與河堤，構築曾文溪口海埔新生地，於1987年3月完成新生成浮覆地面積約為634.344公頃，並設置3座水閘門。
1986		臺南縣府提出開發計畫，有意將黑面琵鷺棲息的七股海埔新生地開發為七股工業區。
1987		北韓裔日本學者鄭鐘烈，由北韓船運1對黑面琵鷺到日本多摩動物公園，開始嘗試進行人工繁殖計畫。 臺南縣政府委託保盛工程技術顧問有限公司提出七股地區綜合性開發建議，包括七股工業區、七股港（工業商業港）、新市鎮等之規劃。
1988		香港觀鳥會Peter R. Kennerley致函中華民國野鳥學會，希望提供黑面琵鷺在臺灣的種群分布數量。
1989		鳥友郭忠誠記錄黑面琵鷺發現在曾文溪口的海埔新生地約有130隻黑面琵鷺棲息，且陸續幾年間每年均有百來隻黑面琵鷺來此停棲度冬，該紀錄為較完整且正式的發表在亞洲水鳥報告【註3】。郭忠誠先生自1985年就有片段紀錄黑面琵鷺在此區域活動。
		中央研究院劉小如博士在曼谷召開的亞洲鳥盟會議中，提出黑面琵鷺在臺灣棲息的相關報告。至此，黑琵在臺灣的最大度冬地才正式曝光於國際鳥界，也漸次的揭露了其瀕臨滅絕的迫切危機。
		香港觀鳥會 Peter R. Kennerley在年度觀鳥紀錄中紀錄全世界黑面琵鷺僅存288隻，其中臺灣有150隻是全球最多的地方。
1990	10月	鳥友蔡茂憲成立南路鷹工作室，並在假日時在黑面琵鷺保護區西側水門內擺設望遠鏡供民眾觀察黑面琵鷺，這是鳥友提供民眾定期觀察黑面琵鷺的濫觴【註4】。
		香港生態系統顧問有限公司戴名揚先生及傅曼麗小姐發表《A review of the status and distribution of the Black-faced Spoonbill》在香港鳥類報告中，這是跨國黑面琵鷺數量統計工作的開始，而在1997年開始有較完整且全球同步的紀錄；該工作在2003年由香港觀鳥學會接手至今，這是每年全球黑面琵鷺保育工作中最成功且較一致的數量統計【註5】。

【註1】林文宏編著臺灣鳥類發現史
【註2】東海大學環境科學研究中心，1974臺灣森林鳥類生態調查(年度報告)
【註3】亞洲水鳥報告第77及80頁、丁文輝及翁義聰

【註4】資料由蔡茂憲提供，黑面琵鷺保護區西側水門俗稱十孔水門
【註5】劉小如博士與香港香港生態系統顧問有限公司戴名揚先生及傅曼麗小姐往返書信，及余日東先生2003開始的系統紀錄報告。

1991		臺南縣政府將「曾文溪口浮覆地」土地，登錄為臺南縣政府所有並設為七股新生段第69及70號；此時並向行政院提出在此區域設置「七股工業區」。
	9月～翌年5月	臺南崑山工專翁義聰與學生進行全年性全面調查，結果顯示黑面琵鷺約每年10月中旬抵達度冬，次年2月下旬開始陸續北返，5月下旬全部離開，而調查期間，郭忠誠於1991年12月13日紀錄到191隻的黑琵總體數量，為臺灣的黑琵度冬族群數量攀升到新高點。
1992	2月27日	高雄市野鳥學會正式行文給行政院農委會及臺灣省農林廳，請求劃設曾文溪口海埔浮覆地為自然保留區。
	4月	崑山工專老師丁文輝與翁義聰兩人，發表《稀有冬候鳥黑面琵鷺過冬保護區的設立》一文於中華民國野鳥學會的中華飛羽(第5卷第4期第26～30頁)。此為倡議設立單一物種保護區的開端；後續翁義聰與郭忠誠持續發表《曾文溪口北岸黑面琵鷺調查計數報告》在野鳥年刊【註6】。
	4月12日	自然作家劉克襄先生在中國時報人間副刊發表《最後的黑面舞者》一文，呼籲全國應該正視黑面琵鷺保育，引發一般社會人士的關注。
	5月	行政院農業委員會自然文化景觀審議小組暨技術組聯席會議決議：建請農委會依據野生動物保育法公告黑面琵鷺為瀕臨絕種保育類野生動物，並對黑面琵鷺進行生態習性研究調查。另建請行政院內政部與環保署於黑面琵鷺相關研究調查未提出前，應請暫緩辦理七股工業區用地及環境影響評估審查。
	5月17日	第1個臺南地區以保育黑面琵鷺為成立宗旨之一的賞鳥團體—「臺南市野鳥學會」成立。
	6月	七股工業區環境影響評估第一次審查會，審查結果發現多項缺失，環保署退回臺南縣政府申請，待補充資料文件後續再議。
	7月1日	行政院農業委員會依野生動物保育法，公告黑面琵鷺為瀕臨絕種保育類野生動物。
	7月	行政院農業委員會敦請臺灣師範大學王穎教授協同當時剛成立的臺南市野鳥學會進行為期3年的黑面琵鷺族群研究，主要針對族群數量的監測、主棲地的行為監測等【註7】。
	10月	環境影響評估會議駁回「七股工業區」，隔年11月環境保護署宣布本案未通過環境影響評估而結案。
	11月24日	在七股曾文溪口地區，發現1隻黑面琵鷺遭到槍擊射殺，不明人士以霰彈槍射擊，12月1日又發現另1隻黑面琵鷺屍體，引起全國保育界震驚。並在12月28日，由八個鳥會團體共同發表聲明，呼籲搶救黑面琵鷺。在強大輿論壓力下，迫使臺南縣政府於次年提出黑面琵鷺棲地替代方案，但綜觀該區域的幅員狹小，鉅大潮差與海浪侵蝕等顧慮，並不能符合黑面琵鷺對於棲息環境的需求。
	11月	行政院農業委員會林享能副主委率隊會同專家學者、各級機關與民間保育社團，共同會勘七股曾文溪口與臺南市四草地區。
	11月29日	國際護鳥總會（ICBP）執行長因柏登先生（Mr. Christoph Imboden）前往曾文溪口探訪黑面琵鷺，並就工業區的開發與瀕臨滅絕鳥類遭受槍擊等事件，經安排拜會行政院農業委員會林享能副主委，表達對黑面琵鷺保育政策的關切。
	11月30日	因為臺南縣七股地區發生黑面琵鷺遭受槍擊死亡事件，行政院農委會主任委員孫明賢召開會議擬定：全面緝兇、加強保護、加速環評七股工業區開發與保育議案、研議劃設黑面琵鷺保護區等四項決議。
	12月1日	針對黑面琵鷺遭受槍擊致死的事件，行政院農委會主任委員孫明賢宣佈懸賞緝兇，擬發放10萬元新臺幣給提供線索，因而緝獲射殺黑面琵鷺之人。並宣佈將在七股工業區計畫開發用地之內，就黑面琵鷺現有的棲息環境暫設「黑面琵鷺臨時保護區」。
	12月8日	國際護鳥總會（ICBP）在韓國漢城（今改名為首爾）召開國際鳥類保護會議亞洲區域會議時，全體會員一致決議促請我國政府加強黑面琵鷺保育工作。

【註6】丁文輝與翁義聰共同發表《稀有冬候鳥黑面琵鷺過冬保護區設立》；崑山工專現改制為崑山科技大學。
【註7】「主棲地」為一般賞鳥人士稱本處黑面琵鷺生態保護區之慣用語

1993	1月5日	行政院農業委員會邀集相關政府機關、各級民意代表、專家學者和保育團體，針對七股工業區計畫開發用地之內暫設「黑面琵鷺臨時保護區」的規劃，舉行了5個多小時的座談會議，列席的與會人員各持己見。而一旁聆聽的鄉民代表也表示「強烈反對在工業區計劃用地內劃設臨時性黑面琵鷺保護區」，並揚言「否則要讓一隻都活不成」的激烈抗爭。農委會林享能副主委於是承諾，暫不劃定臨時保護區，未來處理時將會秉持「鳥權與人權並重的原則」。
	6月	燁隆集團向經濟部提出鋼鐵城開發計畫，申請在七股工業區內投資興建總金額高達1,120億元的精緻一貫作業鋼鐵廠，用地需求面積1,000公頃，廠區規劃完全涵蓋了黑面琵鷺的主棲地。
	6月	東帝士集團宣佈籌建煉油廠及芳香烴廠（俗稱七輕），投資金額870億元。
	7月	臺南縣政府為了能通過七股工業區案，向農業委員會提出替代方案，擬劃設頂頭額汕、新浮崙汕及七股海堤所圍的302公頃為黑面琵鷺保護區【註8】。
	10月	經濟部原則同意東帝士石化綜合廠興建計畫，將提撥臺鹽總廠七股鹽場1,500公頃土地作為建廠開發使用。
	11月	農委會、環保署在贊成工業區開發案的七股鄉民代表施壓下，對劃設「黑面琵鷺保護區」的政策呈現急轉彎，片面宣佈將讓黑面琵鷺搬家的言論，引發全國13個保育團體聯合發表嚴正聲明加以抗議撻伐。
1994		許添財立委與臺南鳥會、高雄鳥會和濕地保護聯盟等民間社團及專家學者召開多次公聽會，共同推動四草水鳥保護區。
		燁隆和東帝士2大集團宣佈將兩個投資開發案合併，在七股鹽田進行濱南工業區開發計劃，宣稱將投資4,300億元興建煉鋼廠與第七輕油裂解石化工廠。
	8月	中華民國野鳥學會理事長劉小如博士在德國舉辦的國際鳥盟（BirdLife International）第21屆世界大會中，指出黑面琵鷺是候鳥，其保育不是臺灣能夠獨力完成的，建議國際鳥盟加強國際合作。提議編撰《黑面琵鷺保育行動綱領》，以作為各國及國際間進行保育行動的參考。會中並決議將建立推動全球重要鳥類保護區的網絡（IBA），透過各會員國的力量，致力於世界瀕危鳥類的保護。
	9月11日	「濕地國家公園/高科技工業園區促進會」在七股頂山活動中心成立，9月12日東帝士及燁隆集團在臺南縣佳里鎮設立「濱南工業區聯合開發籌備辦公室」。1995年9月25日，方賜海議員與七股鄉長陳啟明與地方贊成濱南工業區設置人士成立「大七股地區整體規劃與開發住民權益促進會」。
	9月15日	經鳥類專家學者熱烈討論，《臺灣鳥類紅皮書》發表定案，黑面琵鷺等58種鳥類被列為受威脅鳥種。
	9月30日	臺灣教授協會、濕地國家公園、高科技工業園區促進會、臺灣環保聯盟等團體，在立法院大禮堂宣佈成立「反七輕、反大煉鋼廠行動聯盟」。
	11月	「反七輕、反大煉鋼廠行動聯盟」委員會總幹事陳朝來遭到30餘人士圍毆重傷。
	11月30日	農委會劃設臺南市四草野生動物保護區共計523.8公頃，並完成公告。另於1996年公告「臺南市四草野生動物重要棲息環境」，以擴大保育範圍。
	12月5日	燁隆集團依產業升級條例與大東亞石化公司共同申請，編定臺南縣七股鄉濱海地區提出《濱南工業區開發計畫可行性規劃報告》及《濱南工業區開發計畫環境說明書》，正式啟動「濱南工業區」【註9】。
1995		行政院農業委員會委託中華民國野鳥學會主辦「黑面琵鷺保育及研究研討會」並邀集美國、日本、荷蘭、南韓、香港等彙編「黑面琵鷺行動綱領」(Action Plan for the Black-faced Spoonbill *Platalea minor*)做為黑面琵鷺國際保育各國工作與檢視之圭臬；並由當時擔任中華民國野鳥學會理事長劉小如博士編撰，並提出應對黑面琵鷺候鳥遷徙路線之瞭解並藉此瞭解繁殖區生態概況，遂有國際合作進行衛星繫放的濫觴【註10】。

【註8】臺南縣七股鄉黑面琵鷺保護區設置計畫；時為第11屆臺南縣縣長李雅樵任內（1985.12.20-1993.12.20）
【註9】謝志誠與蘇煥智《黑面琵鷺的鄉愁》以及維基百科
【註10】1995「黑面琵鷺行動綱領」

1995	1月25日	翁義聰、曾瀧永於中華民國自然生態保育協會發行之大自然雜誌（季刊第46期）發表文章，呼籲催生濕地國家公園，提出「臺南七股濕地國家公園計畫設置綱要」。
	5月	「反七輕、反大煉鋼廠行動聯盟」委員會副會長賴旺恩夫婦遭不明人士砍殺20餘刀成重傷。
	10月	行政院農委會撥款由臺南縣政府僱請巡守人員，於4～10月期間駐守在黑面琵鷺覓食區與棲息地。
1996		行政院農業委員會委託臺灣師範大學王穎教授，進行黑面琵鷺在度冬地區的食性及活動模式研究，並對黑面琵鷺配戴地區性無線電發報器，這是對黑面琵鷺進行侵入性研究的開端。
		日本多摩動物公園首度以人工成功復育黑面琵鷺。
	5月	濱南工業區開發案以附帶七項條件，通過第一階段環境影響評估。
	5月6、7日	由日本野鳥會和中國鳥類學會在北京中國科學院舉辦「保護黑臉琵鷺國際研討會」，臺灣、中國大陸、香港、日本與北韓專家學者等受邀參加。並決議由日本鳥會統籌「黑面琵鷺保育研究計畫」，進行黑面琵鷺在越冬區繫放的衛星追蹤、腳環等工作。
		臺南縣縣長陳唐山時期，臺南縣政府將海岸巡防隊退守之海防班哨房舍加以整理，改造為現今民眾觀賞黑面琵鷺的第2賞鳥亭，當時沒有遮蓋設施【註11】。
	8月11日	七股城內村出身的立委蘇煥智理光頭開始「愛鄉土、反七輕、南瀛苦行」，並於8月18日在頂山村龍山宮前舉辦盛大演講活動【註12】。
	9月22日	七股中部區域的龍山村成立「七股海岸保護協會」；南部區域的三股村成立「七股潟湖國家風景區促進會籌備處」；北部區域籌設「西濱國家風景區促進會籌備處」【註13】。
	11月	崑山技術學院舉辦「黑面琵鷺保護區劃設原則研討會」。
1997		由香港湯瑪士達曼先生（Mr. Thomas Dahmer）設立的生態顧問公司，號召世界各地的黑面琵鷺觀察者在每年1月份進行全球同步調查，以得到最準確的族群分布數量資訊。
		行政院農業委員會捐款5萬美金給日本野鳥學會統籌國際黑面琵鷺衛星之繫放；臺灣部份當時由日本提供衛星發報器，臺灣師範大學王穎教授在1998年2月19日捕捉第1隻黑面琵鷺進行繫放【註14】。
		國際鳥類保護基金會出資，由中國科學院動物研究所派人到遼寧省外海，數以百計的無人島嶼調查黑面琵鷺，惟一無所獲，是以調查組送印製分派數百張照片，請求當地漁民協助找尋。
	6月	日本鳥會於東京舉辦「保護黑面琵鷺國際研討會」，與會者包括來自日本、中國大陸、南韓、北韓、越南、香港、臺灣及英國國際鳥盟代表等。
	10月5日	由當時立委蘇煥智召集中華民國濕地聯盟、臺南縣市環保聯盟、臺南市野鳥學會、七股海岸保護協會、七股國家風景區促進會及愛鄉文教基金會共同發起成立「國際黑面琵鷺保育中心」在臺南縣七股鄉十份村76-1號揭牌【註15】，並開始在黑面琵鷺第2賞鳥亭進行遊客服務與黑面琵鷺生態解說。
	10月	歌手陳昇為黑面琵鷺唱出「黑面鴨要報仇」。

【註11】陳唐山時任第12、13屆臺南縣長；賞鳥亭第1～4號現今規模，是第14任臺南縣長蘇煥智時期改建完成，陳麒麟老師回憶及當時臺南縣政府承辦人蘇永銘口述。
【註12】該期間為第12、13屆臺南縣長陳唐山任內。
【註13】謝志誠及蘇煥智著《黑面琵鷺的鄉愁》、愛鄉文教基金會以及陳麒麟老師口述。

【註14】魏美莉 黑面琵鷺衛星追蹤計畫始末（臺灣篇）
【註15】國際黑面琵鷺保育中心為非官方立案組織；臺南縣黑面琵鷺保育學會會訊「桅杯」第24期，陳麒麟老師撰寫《國際黑面琵鷺保育中心的前因與傳承》。

	10月31日	由臺灣大學建築與城鄉發展所與柏克萊大學加州分校共同發起，成立跨國際性的「國際黑面琵鷺救援聯盟」（SAVE, Spoonbill Action Volunteer Echo），訂定1997年為「國際黑面琵鷺關懷年」，並邀請中央研究院院長李遠哲博士擔任名譽召集人。發起人包括國內於幼華、夏鑄九、駱尚廉、劉小如及美國加州柏克萊大學分校朗迪哈斯特與大衛布朗爾等人所組成，對於反對濱南工業區設置與保育黑面琵鷺的重要性訴諸國際社會。
	12月	臺灣第一位以黑面琵鷺保育研究做為博士論文的學者劉良力，進駐七股曾文溪口以長期研究黑面琵鷺生態。
1998	2月19日	為了解開黑面琵鷺繁殖與遷徙的生態，臺灣和日本黑面琵鷺研究人員，合作進行國際性衛星發報器的繫放作業（19日繫放第1隻，25日繫放第2隻）。
	春天	遼寧省庄河市漁民發現無人島嶼「形人坨」上有疑似黑面琵鷺棲息，經中國科學院動物研究所立即派人到島上確認無誤，共計棲息7隻黑面琵鷺，並發現3個巢位以及6隻幼鳥。
	9月27日	「臺南縣黑面琵鷺保育學會」立案成立，承接前「國際黑面琵鷺保育中心」的所有工作，並持續在黑面琵鷺第2賞鳥亭進行黑面琵鷺生態解說與遊客服務【註16】。
	11月	研究黑猩猩的國際知名保育學者珍古德博士，參訪七股曾文溪口黑面琵鷺的故鄉。
	12月	時任中華民國野鳥學會副理事長方偉宏等6人，前往越南春水國家公園協助越南鳥會團體進行黑面琵鷺全球普查工作，該工作持續到2002年臺灣發生黑面琵鷺肉毒桿菌事件才停止前往越南協助調查【註17】。
1999	1月	「臺南縣野鳥學會」立案成立，並在黑面琵鷺第3賞鳥亭進行黑面琵鷺生態解說【註18】。
	3月	曾文溪口疑似又驚傳槍響，鳥友發現3隻受傷流血的黑面琵鷺，各保育組織籲請警方成立專案小組展開調查，並希望目擊民眾提出檢舉。（民生報1999.04.01）
	4月	亞洲數國合作黑面琵鷺衛星發報器繫放追蹤研究計畫，其中由臺灣繫放代名為「烏龜」的黑面琵鷺，以17天的時間，經由江蘇飛抵南北韓交界處，位於漢江外海的無人島嶼「留島」（Udo）。另外由臺灣、香港以及日本所繫放的總數18隻黑面琵鷺當中，有6隻飛到南、北韓交界處，1隻留在香港，1隻逗留在臺灣，2隻則在江蘇鹽城。
	8月	王徵吉、林本初、陳加盛、鍾榮峰等4位臺灣生態攝影師，首次登上遼東半島外海的「形人坨」拍攝黑面琵鷺的繁殖畫面。
	10月10日～13日	國際鳥盟在馬來西亞召開會員大會中，特別邀請中央研究院劉小如博士提出有關黑面琵鷺保育、國際合作與展望的專題報告，也把各國進行無線電追蹤的成果作了一個總體報告。黑面琵鷺保育研究被大會認為是國際合作有成最好的範例，更對亞洲各國積極參與給予極大的肯定。
	12月17日	行政院環境保護署第66次環境影響評估會議，以臨時提案有條件通過濱南工業區開發，本案只確認工業區開發位置、面積及內容縮減情形，但工業專用港及海水淡化廠將須另行提出。
	12月23日～24日	中華民國野鳥學會於臺北舉行「1999保育黑面琵鷺國際研討會」，邀請臺灣、香港、日本、越南、南韓、美國、荷蘭等國學者與會討論，會中驗收1997年研討會後之各項工作成果，同時討論未來國際合作之研究與保育計畫重點工作，會議結論擬研究在繁殖地進行衛星追蹤計畫的可能性，以期發現未知的度冬地。
2000	6月14日	臺南縣府提報行政院農委會保育諮詢委員會審查之「曾文溪口野生鳥類保護區保育計畫」，時任縣長陳唐山僅劃設30公頃給黑琵當覓食棲息地，不符合野生動物保育法之精神，而再次被委員駁回。
2002	6月	南韓學者金守一博士在畢島（Bido）為4隻黑面琵鷺雛鳥裝置腳環，其中編號K36、K37的繫環亞成鳥，同年冬天被觀察到棲息在七股曾文溪口一帶。

【註16】該團體2011.5.29更名為社團法人臺灣黑面琵鷺保育學會
【註17】方偉宏先生口述
【註18】2011.1更名為臺南市大臺南野鳥學會

2002	8月4日	「社團法人臺南縣黑琵家族野鳥學會」立案成立。
	10月14日	農委會公告曾文溪口北岸634公頃的土地為「臺南縣曾文溪口野生動物重要棲息環境」，同年11月公告該區域西側靠海邊的300公頃土地劃設為「臺南縣曾文溪口北岸黑面琵鷺保護區」。這是臺灣第1個以單一鳥種為名的保護區。
	12月9日	曾文溪口北岸（時為臺南縣七股鄉）爆發了黑面琵鷺肉毒桿菌中毒事件，此事件持續至2003年2月5日結束，期間發生4次大爆發，73隻黑面琵鷺死亡，17隻搶救成功，合計90隻。
2002	12月	黑面琵鷺發生肉毒桿菌集體中毒事件處理期間，當時擔任中華民國野鳥學會理事長的程建中博士提出倡議，呼籲瀕危物種發生重大傷亡事件時，主管當局必須有明確的標準作業程序，分層負責，各盡其職。農委會李金龍主委從善如流，當即研擬一套緊急應變作業程序，從第一線的保護區巡守人員、地方到中央各級政府全體動員，自此開始，每年皆舉辦「黑面琵鷺標準救護作業流程」的演練。
	12月～翌年1月	黑面琵鷺肉毒桿菌集體中毒事件發生後，臺灣師範大學生命科學系李壽先教授，以傷亡個體的血液樣本從事分子遺傳學分析研究，推估黑面琵鷺族群總數曾經至少達到上萬隻。
2003	1月	因應黑面琵鷺肉毒桿菌事件，由行政院農業委員會緊急補助臺南縣政府26項黑面琵鷺保育計畫，分別由臺南縣政府、保育團體及學術單位分工執行【註19】。
	1月24日	經全球黑面琵鷺普查結果，經統計全球黑面琵鷺數量超過千隻。總數量為1069隻，臺灣有585隻，而其中大臺南地區就有580隻。
	2月18日	在七股黑面琵鷺保護區內進行，肉毒桿菌中毒後康復的15隻黑琵野放工作，並在3月16日再野放2隻康復的黑面琵鷺【註20】，該事件到此告一段落。
	10月	經臺南縣政府協調，由臺南縣黑面琵鷺保育學會、臺南縣野鳥學會及臺南縣黑琵家族學會共同認養黑面琵鷺賞鳥第1～3亭，並約定每年以輪換方式進行賞鳥亭位置變更。
	11月21日	行政院公告核定「雲嘉南濱海國家風景區」定位為以發展鹽田產業景觀、遊憩與度假為主。12月24日在舊北門鹽場辦公室掛牌成立。
2004		行政院農業委員會委託中華民國自然生態保育協會執行，就臺灣黑面琵鷺歷史紀錄與現況，提出《臺灣地區黑面琵鷺保育行動綱領建議書》。
2006	1月19日	日本環境保護署依《環境影響評估法》第13條第3項規定公告《濱南工業區開發計畫環境影響評估報告書》審查結論及《環境影響評估報告書》摘要，結束環評程序，依法轉入內政部區域計畫委員會審議。
	11月9日	內政部區域計畫委員會第2次會議後決議退回濱南案。
2007	6月16日	王徵吉、張培鈺、許晉榮和日本土谷光憲、岡部拓也等人，在遼寧省林業局邱英杰處長的協助安排下，於中國遼寧省大連庄河市外海，「元寶島」上面發現黑面琵鷺的繁殖巢位，經確定為中國境內第二處黑面琵鷺繁殖區。
	6月	美國Wilson期刊報導全球黑面琵鷺族群每年的增加率約為13%，呼籲臺灣需要為黑面琵鷺建立更大的保護區。
2008	1月11日	經全球黑面琵鷺普查結果，統計黑琵數量超過兩千隻（2065隻），臺灣也首次超過千隻（1030隻），其中大臺南地區為1013隻。
2009	6月29日	內政部召開國家公園計畫委員會第83次會議，審議《台江黑水溝國家公園計畫》（草案），經討論後通過名稱修正為「台江國家公園」

【註19、20】莊鴻濱、康日昇著《黑面琵鷺搶救實錄》臺南縣政府出版。

	7月	臺南市政府動工重劃位於安南區臺17線西濱公路旁的低窪濕地，規劃總開發面積約101公頃的「九份子重劃區」，做為低密度住宅區使用。九份子濕地原本屬於鹽水溪流域內的積水低窪魚塭濕地，有極為豐富的自然環境及生態資源，更是黑面琵鷺的重要覓食區域。臺南市政府辦理號稱是近10年來最大的公辦土地重劃案，也使得黑面琵鷺在四草保護區周邊的重要覓食棲息環境徹底消失了。
	9月28日	行政院核定營建署所呈報「台江國家公園計畫書」，台江國家公園正式成為臺灣第8座國家公園。
	10月21日	臺南縣政府遵照經濟部工業局指示，致函開發業者宣告「濱南工業區」開發案正式終止【註21】。
	12月16日	臺南縣政府經曾文溪口新生段浮覆地漁民陳情，而同意放租「臺南縣曾文溪口北岸黑面琵鷺保護區」以東的「臺南縣曾文溪口野生動物重要棲息環境」中300多公頃給原屯墾漁民，並敘明養殖方式「以淺坪式養殖，且不影響黑面琵鷺覓食環境之養殖方式為主」【註22】。
	12月28日	台江國家公園管理處在臺南縣市政府協助下正式在安平區的安平漁港管理中心掛牌成立【註23】。
2010		延續中華民國野鳥學會理事長程建中博士在2004年對國際鳥盟的承諾，國際鳥盟亞洲部與遷移性野生動物保育公約秘書處共同召集了來自臺灣、韓國、日本及香港等地的學者，以1995年行動綱領架構下的成果做為依據，於2010年制訂了新一代的行動綱領《黑面琵鷺國際單一物種保育行動綱領》。新的行動綱領重點在轉換研究成果為實際保育措施，包括於俄羅斯、中國大陸及朝鮮半島等繁殖地採取嚴格的保護措施、加強重要棲息地的保護與管理、搜尋亞成鳥的夏天棲息地、進行棲息地的空間與食物資源研究以瞭解承載量與限制因子、建立各國或區域間的有效通訊管道、以及經驗分享等。
		台江管理處承襲2002年臺南縣政府針對黑面琵鷺生態保護區在非候鳥度冬季節，開放七股地區居民進行經濟貝類採集之資源管制工作。
	10月	台江國家公園管理處解說志工，開始進駐賞鳥亭進行服務遊客及解說工作。臺南縣黑面琵鷺保育學會同時間撤離賞鳥亭解說服務；2011年10月，臺南縣野鳥學會也正式撤離賞鳥亭的解說服務，至此賞鳥亭的解說服務工作完全由民間團體轉為國家機構負責【註24】。
2011	1月17日	韓國學者李照汀及韓國江華島自然中心一行人來臺進行黑面琵鷺觀察交流，與臺南市野鳥學會、臺南縣黑面琵鷺保育學會代表及特有生物保育中心七股研究站薛美莉主任至本處拜訪及進行交流，韓方表示希望未來能與我國就黑面琵鷺保育工作進行多方交流。
	4月7日	台江國家公園管理處於舉辦「2011黑面琵鷺與沿海濕地保育國際研討會」活動，除與各國學者專家、在地團體進行交流外，並簽訂保育宣言與歡送黑面琵鷺北返儀式，藉以傳達跨國性遷移物種保護之國際永續傳承意義。
		台江國家公園管理處委託中華民國國家公園學會王穎教授，進行為期4年的「台江國家公園黑面琵鷺族群生態研究及其棲地經營管理計畫」。
	9月23日	2011年度第1隻黑面琵鷺於上午09點47分抵達台江國家公園黑面琵鷺生態保護區內，台江國家公園管理處就「大臺南地區黑面琵鷺數量普查」將結合黑面琵鷺保育學會、臺南市自然生態保育學會及臺南市野鳥學會共同進行黑面琵鷺數量的調查。
	11月2日	行政院營建署長范臨視察「傳統養殖漁業文化產業發展策略及確保黑面琵鷺食源之生態養殖計畫」衍生物捕撈處理作業，共捕獲虱目魚800斤，並製作成160打罐頭，為推廣友善黑面琵鷺的養殖方式，宣導人與自然和諧共存的保育理念。
2012		因應2011年全球黑面琵鷺普查數量大量減少21%，其中大臺南地區則減少34.4%，台江國家公園管理處開始啟動濕地經營管理工作，進行為期4年的「對黑面琵鷺友善之棲地營造計畫」；並委託臺南大學王一匡教授進行相關學術資料收集，以作為台江國家公園管理處經營濕地之依據。

【註21】謝志誠及蘇煥智著《黑面琵鷺的鄉愁》以及愛鄉文教基金會　　　【註23】首任處長為呂登元先生
【註22】蘇煥智時任第14、15屆臺南縣縣長時期　　　【註24】台江國家公園解說志工鄭翠鳳口述及臺灣黑面琵鷺保育學會曾惠珠口述

	4月19日	「台江國家公園黑面琵鷺族群生態及棲地經營管理計畫」至4月為止共完成6隻黑面琵鷺的繫放,其中2隻掛上衛星無線電發報器,4隻掛上傳統無線電發報器,希望瞭解黑琵活動範圍及棲地利用狀況,並追蹤瞭解其北返路徑。該計畫共繫放27隻,其中繫放衛星發報器14隻(4隻在韓國、10隻在臺灣)、11隻地區性無線發報器、2隻GSM發報器。
	5月15日~20日	台江國家公園管理處由呂登元處長率隊赴中國大陸,與上海崇明東灘鳥類國家級自然保護區簽署合作交流備忘錄,順利完成任務。台江國家公園管理處也希望透過此次的兩岸合作協議,在崇明東灘推動黑面琵鷺的衛星發報繫放計畫,以記錄黑琵的遷徙路線及其動態。
	6月21日	為加強國際間保育合作,台江國家公園管理處呂登元處長,與臺灣師範大學王穎教授主持的技術團隊前往南韓,與李起燮教授於南韓外海小島進行繫放。
2012	9月22日	為配合國際淨灘日,同時在黑面琵鷺度冬前提供一個安全乾淨的度冬棲地,台江國家公園管理處與臺南大學生態科學與技術學系,於臺南大學七股西校區合辦淨灘活動。
	10月10日	「台江國家公園黑面琵鷺族群生態及棲地經營管理計畫」發現2012年初所繫放之黑面琵鷺T45、T46已返回曾文溪口黑面琵鷺生態保護區。
	10月28日~29日	台江國家公園管理處於臺南大學舉辦「兩岸黑面琵鷺生活圈濕地保育暨候鳥遷徙研討會」,邀請上海崇明東灘國家級鳥類自然保護區一行10人來台交流,共約200人參加研習。
	11月24日	台江國家公園管理處保育巡查員及台江警察隊六孔小隊,發現一隻黑面琵鷺倒臥於臺南大學七股校區附近魚塭,緊急送醫急救後仍不治死亡,初步排除肉毒桿菌及飛禽類傳染疾病因素,後續將製成標本提供保育生態教學使用。
2013	3月28日	台江國家公園管理處辦理「風中旅者—黑面琵鷺」生態影片發表記者會。
	6月	在中華鳥會的推薦下,國際鳥盟肯定臺灣民間與政府單位,20年來對於黑面琵鷺度冬棲地的保育,在加拿大多倫多舉辦的「90週年全球大會」中,由榮譽主席日本憲仁親王妃頒獎,將「國際保育獎」頒發給台江國家公園管理處、臺南市政府及行政院農業委員會林務局。
2014	7月17日	高雄市政府環評大會做出決議,通過茄萣濕地1-4號道路貫穿濕地核心區域的開路工程案。包括中華鳥會、臺灣濕地保護聯盟、地球公民基金會、高雄鳥會、茄萣生態文化協會、茄萣濕地青年聯盟等十幾個保育團體、學者專家、以及上千位反對開路民眾的連署抗議,最後高雄市環評委員仍做出「有條件開發」的決議。由於環評專案小組缺乏相關生態背景成員參與,與無視超過300隻黑面琵鷺棲息茄萣濕地的事實執意開路,令國內外生態保育人士深感遺憾。
	1月	經全球黑面琵鷺普查結果,全球黑面琵鷺數量超過三千隻(中華鳥會與全球普查數量3,272隻,臺南鳥會與台江國家公園管理處統計數量為3,090隻)。
	2月1日	民眾於臺南市頂山地區拾獲1隻受傷的黑面琵鷺,驗出流感H5病毒及C型肉毒桿菌,2月3日同一處濕地另發現1隻黑琵死亡。
2015	2月27日~3月2日	於臺南市土城地區陸續發現死亡、受傷個體,經檢測仍疑為肉毒桿菌引起,4天計發現有7隻死亡、7隻救治中。
	3月6日	於臺南市土城地區所發現死亡、受傷的14隻黑面琵鷺個體中,經過篩檢確診出其中一隻黑琵感染H5亞型高病原禽流感,因為沒有合適的禽鳥負壓隔離場所,最後依野保法第21條予與安樂死。
	3月24日	臺南市所發現傷亡的14隻黑面琵鷺個體中,經過行政院農委會特有生物研究保育中心的救傷安置,由臺南市長賴清德邀集參與救傷的保育團體等相關人員,在鄭成功紀念公園旁,共同將6隻存活康復的黑琵進行野放。

保育願景與誌謝

「因為萬事萬物都是互相關連的，生命之網並不是人類單獨編織而成，人只是網子上的一條線。如果我們破壞這張網，就等於搗毀自己的立足之地。」

這是1854年，美國華盛頓州索瓜米希族的西雅圖酋長對美國政府公開發表的內容，這封信如今已經被公認為環境保育史上極為重要的一份聲明。內容不但動人且意義深遠，深深透露了美國原住民對家園、土地的敬愛與守護，他們對大自然的了解與情感，可說遠遠超過任何一個徒有經濟、工業、科技，但對於大地只注重壓榨和剝奪卻少了永續和關愛的其他自認為文明的種族。

當地球開始出現人類以來，人類為了滿足生活上的種種慾望及需求，大地資源及環境帶來前所未有的生態危機與浩劫。因此，維護大地的完整性，是我們所當前必須致力實踐的功課。

在臺灣，自1980年代起，幾番經濟開發與棲地保護的衝突，當時族群量僅剩二百多隻的黑面琵鷺喚醒了臺灣人民的保育意識，讓向來以經濟發展為優先的開發政策，也開始面臨質疑、反省與轉變。

黑面琵鷺，無疑是臺灣生態保育史上最具代表性的物種之一，每年有超過全世界一半總量的黑面琵鷺選擇在臺灣度冬，更因此讓臺灣位居於國際保育的重要角色。台江國家公園自2009年12月成立以來，管理處便將族群數量瀕臨滅絕的黑面琵鷺，及其賴以生存的棲地列為首要的保育重點項目。這幾年來持續在臺南地區進行對黑面琵鷺友善棲地的營造、臺灣各棲地種群數量調查、生態監測記錄、保育觀念宣導以及跨國界的研究交流等工作，經過如此的努力與付出，讓近幾年臺灣黑面琵鷺的保育與研究在國際上交出令人欣慰的成績單。

本書捕捉了黑面琵鷺於四季流轉之中，在世界各地拼搏的生命脈動，追隨著牠們，從拂曉到深夜、不畏雪雨風霜。南北遷徙，哪怕是度冬區到繁殖地的長途征戰，只為了忠實呈現不同時空下的多樣性樣貌。追隨記錄工作者追尋黑琵的行腳旅遊札記，分享工作過程的心境與喜樂，希望透過作者的眼與筆，讓讀者如身歷其境般看到黑面琵鷺在各地的現實與困境，繼而對生態保育產生認同感與同理心，感同身受地分擔保護瀕危物種與自然環境的責任。誠如珍古德博士所言：唯有了解，才會關心；唯有關心，才會行動；唯有行動，生命才有希望。

無從得知一部鏗鏘鉅作需要多少時間來完成？駑鈍的我們竟然花費二十幾年的歲月來準備，耗時三年的時間規劃與製作。和光線賽跑似的，每天起得比日出更早，收工得比夕暮更晚，趕在環境丕變之前，如同拼圖般一片片完成黑面琵鷺在世界上的全紀錄。能夠完成此項艱鉅的任務，要感謝許多朋友給予團隊的支援與協助。首先要感謝劉小如教授、程建中教授、裴家騏教授、黃俊綸教授以及管理處的各位敬愛的委員們，在本書製作期間給予我們諸多寶貴意見，讓本書都更臻完善。感謝好友黃俊賢先生慷慨提供其他琵鷺屬的珍貴照片，讓本書能更加完整呈現世界琵鷺的樣貌。張順雄教授在百忙之中，仍然撥冗協助英語譯文校對，也在此致上最深的謝意。

特別感謝韓國黑面琵鷺研究與保育專家李起燮博士，給予諸多協助與專業諮詢，讓我們在韓國的拍攝計劃得以順利完成。

最後，要感謝三年來寒風中，烈日下，朝夕相伴的工作夥伴～黑琵們，沒有你們，本書無法誕生……

感謝人員名錄

日本	松本悟　高野茂樹　小池裕子　大西亘　張文燦　和田正宏　久木田拡　山城博明　吳俐君 兒玉澄子　白石健一　宮野啟子　岡部拓也　岡部海都　尾上和久　土谷光憲
韓國	金守一　李起燮　鄭雲會　朴鍾鶴　韓宗鉉　李鍾烈　卜鎮午　金敬源　姜昌完　金銀美　康熙滿　池南俊 Kim Su-Man　Park Jong Woo
中國大陸	劉長德　董英歌　王新民　羅寧　邱英杰　胡毅田　張國鋼　張砥生　宮正　紀偉濤　周海翔 許劍波　王世樑　陳瑾清　楊國美　李進　梁偉　韋鋒　陳奇　袁曉　湯臣棟　孫華金 余詩泉　游云　劉立峰　段文科　宋天福　張雪峰　陳龍　丁海軍　于長武　岳長利　劉毅 陳林　林晨　楊金　張詞祖　陳志鴻　于開令　關玉祥　毛絮薇　萬冬梅
香港	楊路年　文賢繼　余日東
澳門	梁華　高律夫
臺灣	張培鈺　黃俊賢　陳受宗　梁皆得　楊東峰　林本初　謝桂禎　高溢源　吳紹同　陳加盛　李明華 陳文秀　范兆雄　郭東輝　黃光瀛　蔡青芝　蔡嘉峰　薛美莉　歐明郎　賴照陽　周建廷　李潛龍 潘百村　陳炳宏　陳金水　劉良力　陳重明　李天財　蔡金池　趙傳安　呂富湖　張慶祥　黃文欣 蔡大旭　張順雄　史俊龍　林永龍　邱明德　吳銀水　李進添　李進裕　蘇宗監　王穎　薛天德 陳尚欽　鄭和泰　郭淑娥　何華仁　戴炎文　施瑞旺　韓德隆　黃南銘　王貴生　陳碧鳳　鍾榮峰 劉小如　薛伯輝基金會　臺灣碧波關懷地球人文協會　研華文教基金會　嘉義縣生態保育協會 帝亞吉歐Keep Walking夢想資助計劃　茄萣生態文化協會　臺北市明德扶輪社　臺北市至善扶輪社 行政院農業委員會特有生物研究保育中心　北園診所陳佶良醫師 奇美醫院：田宇峰醫師　馮盈勳醫師　洪順興醫師暨醫療團隊

黑琵行腳

Black-faced Spoonbill Journal

出版單位： 台江國家公園管理處
電　話： 06-2842600
傳　真： 06-2842505
地　址： 70955 臺南市安南區四草大道118號
網　址： www.tjnp.gov.tw

發 行 人： 張維銓
策　劃： 楊金臻、黃明通
執　行： 林文敏、陳瑩禪
編審委員： 劉小如、程建中、黃俊綸
　　　　　 呂宗憲、鄭脩平、蔡金助
撰　文： 許晉榮
攝　影： 王徵吉
文字編輯： 杜虹
英　譯： 唐嘉慧
英文校對： 司馬立、張順雄
美術編輯： 東壁文創科技有限公司
圖片編輯： 侯季康
執行編輯： 許晉榮
印　刷： 仁翔美術印刷有限公司
初　版： 中華民國104年12月
印刷數量： 中文精裝1000本，中文平裝1000本，英文精裝1000本。
定　價： NTD1000
展 售 處： 國家書店(松江門市)
　　　　　 臺北市松江路209號1樓　 電話：02-25180207
　　　　　 五南文化廣場
　　　　　 臺中市中區中山路6號　 電話：04-22260330

國家圖書館出版品預行編目(CIP)資料

黑琵行腳 / 許晉榮撰文；王徵吉攝影.
-- 初版. -- 臺南市：臺江國家公園，
民104.12
264 面 ；30×25公分
ISBN 978-986-04-6331-6(精裝)
1.鳥類遷徙 2.自然與文學 3.動物攝影

388.897　　　　　　　　　　104022145

精裝
ISBN 978-986-04-6331-6
GPN 1010402057